国家级一流本科课程配套教材

近 世 代 数

施敏加 编著

科学出版社

北 京

内 容 简 介

本书系统介绍了群、环、域三种代数系统的基本理论、性质和研究方法.本书参考了大量国内外相关教材、专著、论文文献,并结合作者多年来在近世代数教学中的实践经验编写而成.本书脉络清晰,内容深入浅出,通俗易懂.全书共五章,第 1 章是基础知识.第 2—4 章包含群、环和域的基本内容.第 5 章对环做了进一步的讨论.每节都配有适量的习题,其题量和难度都比较适中.

本书可以作为数学、计算机、通信等专业的本科生教材,也可以作为其他相关专业研究生教材或者参考书.

图书在版编目(CIP)数据

近世代数/施敏加编著. —北京:科学出版社,2023.1
ISBN 978-7-03-074276-6

I. ①近… II. ①施… III. ①抽象代数 IV. ①O153

中国版本图书馆 CIP 数据核字(2022)第 241076 号

责任编辑:梁 清 孙翠勤/责任校对:杨 然
责任印制:赵 博/封面设计:蓝正设计

科学出版社 出版
北京东黄城根北街 16 号
邮政编码:100717
http://www.sciencep.com

北京市金木堂数码科技有限公司印刷
科学出版社发行 各地新华书店经销
*
2023 年 1 月第 一 版 开本:720 × 1000 1/16
2025 年 1 月第四次印刷 印张:10 1/4
字数:207 000
定价:49.00 元
(如有印装质量问题,我社负责调换)

序 言

——为什么要学好近世代数和如何学?

近世代数是讲述群、环、域等代数结构的一门大学课程, 它已有近二百年的历史, 源于数学发展的内部动力, 而后在其他学科和技术领域得到重要而广泛的应用.

十九世纪三十年代, 伽罗瓦和阿贝尔在研究高次方程根式可解性时, 产生了置换群概念, 后来群论在物理、力学、化学等领域得到广泛应用, 成为研究各种对称性的重要数学工具. 十九世纪初期, 高斯研究数论中的平方和问题 (以及更一般的二元二次型表示整数问题), 十九世纪中期, 库默尔 (Kummer) 研究费马大猜想, 分别探讨了二次域和分圆域的代数整数环, 这类环由戴德金发展成系统的理论而被后人称为戴德金整环. E. 诺特在代数几何中研究域上多变量多项式方程组的解时, 研究了另一类环, 后人称之为诺特环. 由此建立和发展了环和域的理论. 近世代数产生于数学发展光辉灿烂的黄金时代, 它所体现的丰富思想是数学乃至人类智慧宝贵财富的一部分. 到了二十世纪中期, 随着数字通信和数字计算技术的不断进步, 近世代数和组合数学 (包括图论)、数论一起, 逐渐成为信息科学与技术应用领域不可缺少的数学工具. 所以, 这门课程的重要性, 不仅在于提高数学知识和能力, 还有重要的应用价值. 本书作者施敏加教授和他的科研以及教学团队, 就是将近世代数应用于通信中代数纠错编码理论的重要专家和群体.

然而, 这门课程对于初学的大学生往往是相当困难的——概念抽象, 不会做习题. 在这里, 对于学好这门课提出如下两点建议.

首先, 对于各种抽象的代数结构, 心里一定要有许多具体的例子, 这些例子至少来源于两个方面.

一个是初等数论, 它的基石是正整数因子分解的唯一性, 基本概念是整除性和同余性. 剩余类环是有限交换群和交换环最具体的样板, 原根和指数就是循环群的生成元和元素的乘法阶, 中国剩余定理是群和环的直和分解, 初等数论所研究的整数环, 是唯一因子分解整环和主理想整环最原始的模型.

希望大家学一点初等数论, 特别要学会欧拉和高斯当年在研究费马提出的许多数论猜想时, 如何 "代数" 地思考这些问题. 比如说, 欧拉证明了费马的一个猜想 (即称之为费马小定理). 可以初等地叙述这个证明, 但实际上欧拉认识到, 模素数 p 的所有非零同余类形成一个 $(p-1$ 阶) 乘法群, 由此自然地推广成欧拉定理

(顺便说说, 欧拉不会想到在三百年后, 欧拉定理用在公钥加密体制中被制成密码软件). 再比如, 高斯研究方程 $ax + by = n$ 的整数解时, 不是对每个 n 孤立地考虑, 而是考虑使此方程有解的所有整数 n 组成的集合 S, 研究 S 的代数结构. 用近世代数语言, 高斯实质上是说, 集合 S 是整数环 $\mathbb{Z}$ 的一个理想, 并且是由 a 和 b(非零整数) 的最大公因数 d 生成的主理想, 表示成初等语言就是: 上述方程有整数解当且仅当 n 是 d 的倍数.

例子的第二个来源是线性代数, 它的主要对象是研究域上多变量线性方程组的解. 向量空间是基本研究对象, 方程的系数矩阵是基本研究工具, 各种矩阵群是非交换群的具体样板, 子空间和它的陪集、商空间以及向量空间之间的线性变换, 是群论中的子群和它的陪集、商群和群之间的同态定理的基本例子.

在学到抽象代数结构的一个定理时, 先要想一下: 对于心目中的例子这个定理是什么意思? 有什么价值? 直觉上是否相信它是对的? 如你觉得它是有道理和有价值的, 也许你就会自己把它证明出来, 否则, 只逐字逐句看懂人家的证明, 进步不大, 没有消化的食物是不能变成养分的.

第二个建议是, 要有意识地用近世代数培养新的数学思考方式. 比如分类的思想, 共性和个性的区分, 本质和非本质的辨别. 这些数学思考方式在观察和处理日常事务时也是需要的.

我们想认识一个事物, 需要把它和同类事物加以比较. 要研究一个群或环的结构, 需要和其他群或环加以比较. 群或环之间的相互联系就是同态映射, 群同态定理说起来也简单: 若 φ 是群 G 到 H 的一个同态, 则 G 对于正规子群 $\mathrm{Ker}(\varphi)$ 的商群就同构于 φ 在 H 中的像 $\mathrm{Im}(\varphi)$(这是 H 的子群). 为了研究群 G, 我们要学会如何选取适当的同态 φ, 然后由两个相对简单的群 $\mathrm{Ker}(\varphi)$ 和 $\mathrm{Im}(\varphi)$ 来把握群 G 的结构, 而不能只满足验证别人给出的映射 φ 是同态. 许多定理的证明如果学会用同态思想, 事情就会变得简单而透彻. 如果只会用烦琐的初等方法, 就如同在做乘法 59×67 时, 只会把 59 个 67 相加, 吃力不讨好. 除了同态思想之外, 另一件重要的事情为群在集合上的作用. 伽罗瓦当年在证明次数 n 大于 4 的一般方程根式不可解时, 就利用方程的 n 个根在置换群之下的作用. 哪里的事物有较多的对称性质, 这些事物就有一个大的群作用于其上, 这也是为什么群论在物理、力学、化学世界有许多应用.

施敏加教授这本近世代数书系统地介绍了群、环、域这些代数结构的基本内容, 由浅入深, 并有大量的例子和习题. 安徽大学数学科学学院多年来在组合学(包括图论)、代数学和代数编码理论等领域有一个很强的交叉性科研和数学群体, 并且和国际上代数组合学与代数编码理论的著名学者长期进行有成效的合作, 开拓了研究领域, 培养了不少年轻人才. 施敏加教授及其学生在代数编码理论研究方面有显著成绩. 基于和编码应用的密切关系, 书的最后一章讲述了伽罗瓦环的基本知识, 是该书的一个特色, 我相信这本书有助于国内代数及其应用方面年轻人才的培养.

　　法国数学家托姆曾说, 人类发明钻木取火的最原始动机是在漫长的黑夜里被绚丽的火苗所吸引, 然后发现它能给人以温暖和熟食. 我希望有更多的年轻学子能感受到近世代数的绚丽多彩, 并能从中获取丰富的数学营养.

冯克勤, 于 北京蓝旗营 (清华大学)

二〇二二年七月八日

前　言

近世代数又名抽象代数, 是经典代数的延伸与拓展, 现已成为综合性大学和师范院校数学专业本科的一门专业课, 也是各个高校数学专业研究生复试的重点科目. 与经典代数不同的是, 近世代数着重于研究群、环、域等代数对象的基本性质. 本书是在作者从事近世代数教学多年的基础上, 参考国内外众多相关教材、专著、论文文献等编写而成的, 适用于大多数数学专业本科生.

近世代数抽象了研究对象, 不仅仅是数, 更多的是具有某种代数结构的代数系统, 其中群、环、域是最基本的. 代数系统已经渗透到现代数学的各个分支以及其他学科中. 掌握近世代数中丰富的数学思想与方法, 往往能够事半功倍. 例如, 利用群的简单定义与性质, 就能够证明初等数论的四大定理中的两个定理, 即欧拉定理与费马小定理.

全书共五章. 第 1 章回顾代数学中的一些基本概念, 这是全书的基础, 贯彻各个章节. 第 2 章介绍群的最基本的性质以及一些特殊的群, 包括循环群、置换群、正规子群、商群、拉格朗日定理以及群的同态与同构. 第 3 章介绍环的基本性质与一些特殊的环, 包括整环、理想、商环以及环的同态与同构、欧氏环、主理想整环、唯一分解整环等. 第 4 章介绍域的基本性质与域的扩张, 包括代数扩域、有限扩域以及有限域. 前四章是近世代数的基础, 学完这些, 已达到基本要求. 另外, 伽罗瓦理论现已成为一门独立的理论, 并且伽罗瓦理论也是近世代数的重点内容之一. 如果修完近世代数的学生仍不知道伽罗瓦理论这一 "美学", 那将是一件遗憾的事. 因此, 作者针对学有余力的学生或者致力于从事代数学及其相关研究的学生, 在第 5 章专门介绍了伽罗瓦理论中基础的研究对象之一, 即伽罗瓦环, 以及有限域上的多项式环及其理想. 第 5 章是本书的选学内容.

由于近世代数概念和理论的抽象性, 我们特意避免了论文书写的模式, 在本书中, 我们用尽可能多的例子来解释这些概念和理论, 其中一些例子是近世代数中非常经典的例子, 还有一些非常新颖的例子, 在作者的认知范围内, 这些新颖的例子并没有出现在其他教材当中, 从而拓展了学生的知识面.

本教材的编写和出版得到安徽大学 "数学与应用数学" 首批国家一流本科专业建设点的大力支持, 获得了安徽省精品教材建设项目的立项. 本教材是国家级

一流本科课程 "近世代数" 的配套教材. 最后, 作者由衷地向为本书提供宝贵意见的老师和学生表示深深的谢意. 尽管我们的教材经过多次反复使用, 但其中仍难免有疏漏之处, 恳请广大读者批评指正. 另外, 如对书中内容有不同看法, 欢迎探讨.

作 者

2023 年 8 月于合肥

目　　录

第1章
基础知识

本章主要介绍近世代数中需要用到的基本概念, 对熟悉高等代数的人来说, 这些概念并不陌生. 为了照顾到更多的读者, 我们这里仍然介绍一下.

1.1 集　　合

集合是数学中最基本的概念之一, 是研究现代数学的基础. 我们把若干个 (可以是有限个或者无限个) 特定的对象组成的全体叫做**集合** (set), 这些对象称为集合中的**元素** (element) 或简称元.

元素与集合的关系一般是属于和不属于. 在本书中, 习惯用大写字母来表示集合, 小写字母表示元素, 例如元素 a 属于集合 A, 记作 $a \in A$. 符号 $\in$ 表示属于, 对应的 $\notin$ 表示不属于 (有些书中用 $\bar{\in}$ 表示). 对于一些典型的集合, 有固定的符号来表示, 比如所有自然数、整数、有理数、实数和复数组成的集合分别记为 $\mathbb{N}$、$\mathbb{Z}$、$\mathbb{Q}$、$\mathbb{R}$ 和 $\mathbb{C}$.

给出一个集合一般有两种表示方法: 一种是列举出这个集合中的所有元素, 称为**列举法** (enumeration method); 另一种是描述出这个集合中元素所具有的特征性质, 称为**描述法** (descriptive method). 例如, 由数 $1, -1$ 组成的集合可以记为 $M = \{1, -1\}$, 即列举出了该集合的所有元素; 而我们知道 $1, -1$ 也是方程 $x^2 - 1 = 0$ 的两个根, 所以集合又可以表示为 $M = \{x \mid x^2 - 1 = 0\}$.

不包含任何元素的集合称为**空集** (empty set), 记为 $\varnothing$. 相对应地, 如果一个集合包含了所有要讨论的元素, 那么称这个集合为**全集** (universal set), 记为 $\mathbf{U}$.

除了前面提到的元素与集合之间的关系, 集合与集合之间也有一定的关系. 如果两个集合 A, B 含有的元素完全相同, 那么称这两个集合相等, 记为

$$A = B.$$

如果集合 A 中的元素全是集合 B 中的元素, 那么称 A 是 B 的**子集** (subset), 记为

$$A \subseteq B \text{ 或者 } B \supseteq A.$$

当 A 不是 B 的子集时, 记为 $A \nsubseteq B$. 如果 $A \subseteq B$, 而且 B 中还包含其他不属于 A 的元素, 那么称 A 是 B 的**真子集** (proper subset), 记为 $A \subset B$.

规定空集是任何集合的子集. 显然, 如果两个集合 A, B 同时满足 $A \subseteq B$ 和 $B \subseteq A$, 那么这两个集合相等, 即 $A = B$. 这是证明两个集合相等的一个一般方法.

我们一般用符号 $|A|$ 表示集合 A 中所含元素的个数, 即集合的大小. 如果集合 A 中含有无限多个元素, 记 $|A| = \infty$; 如果集合 A 中包含 n 个元素, 那么记 $|A| = n$.

幂集 (power set) 是由一个集合的所有子集组成的集合. 一个集合 A 的幂集, 通常记为 $P(A)$. 如果 $|A| = n$, 那么

$$|P(A)| = 2^n.$$

集合与集合之间可以定义一定的运算关系, 它们通常指集合的交、并、差、补.

定义 1.1.1　设 A, B 为两集合.

由 A 和 B 所有共同的元素组成的集合称为 A 与 B 的**交集** (intersection set), 简称 A 与 B 的交, 记作 $A \cap B$, 即

$$A \cap B = \{x \mid x \in A \text{ 且 } x \in B\}.$$

由所有属于 A 或属于 B 的元素组成的集合称为 A 与 B 的**并集** (union set), 简称 A 与 B 的并, 记作 $A \cup B$, 即

$$A \cup B = \{x \mid x \in A \text{ 或 } x \in B\}.$$

例 1.1.1　设集合 $A = \{0, 1, 2, 3\}$, $B = \{2, 3, 4, 5\}$, 那么

$$A \cap B = \{2, 3\}, \quad A \cup B = \{0, 1, 2, 3, 4, 5\}.$$

定义 1.1.2　对集合 A, B, 称

$$A - B = \{x \mid x \in A \text{ 且 } x \notin B\}$$

为集合 A 与 B 的**差集** (difference set).

在例 1.1.1 中, A 与 B 的差集为 $A - B = \{0, 1\}$. 特别地, 当 $B \subseteq A$ 时, 用 B^c 表示 $A - B$, 称为 B(关于 A) 的**补集** (complementary set).

对集合的交与并有以下性质, 证明留给读者.

性质 1.1.3 (1) $A \cap A = A$, $A \cup A = A$.

(2) $A \cap B = B \cap A$, $A \cup B = B \cup A$. (交换律)

(3) $A \cap (B \cap C) = (A \cap B) \cap C$,

$A \cup (B \cup C) = (A \cup B) \cup C$. (结合律)

(4) $A \cap (B \cup C) = (A \cap B) \cup (A \cap C)$,

$A \cup (B \cap C) = (A \cup B) \cap (A \cup C)$. (分配律)

习题 1.1

1. 证明: $A \cap (B \cup C) = (A \cap B) \cup (A \cap C)$.

2. 证明: 若 $A \subseteq C$, 则 $A \cup (B \cap C) = (A \cup B) \cap C$.

3. (德·摩根律) 证明: 若 $A, B \subseteq \mathbf{U}$, 其中 $\mathbf{U}$ 为全集, 则

$$(A \cup B)^c = A^c \cap B^c, \quad (A \cap B)^c = A^c \cup B^c.$$

4. A, B 两集合的对称差集 (或环和) 定义为

$$(A - B) \cup (B - A),$$

记作 $A \triangle B$. 证明: $A \triangle B = (A \cup B) - (A \cap B)$.

5. 证明:

(1) $(A \triangle B) \triangle C = A \triangle (B \triangle C)$.

(2) $C \cap (A \triangle B) = (C \cap A) \triangle (C \cap B)$.

1.2 映 射

同集合一样, 映射是数学中另一较为基础的概念. 中学阶段所研究的函数是一种映射, 这里所讲的映射事实上就是函数的一种推广.

定义 1.2.1 对非空集合 A, B, 如果通过某个对应法则 f, 使得对任何一个 $a \in A$ 都能得到唯一的 $b \in B$, 那么称法则 f 为集合 A 到 B 的一个**映射** (mapping), 记为 $f : A \longrightarrow B$. 元素 b 称为元素 a 在映射 f 下的**像** (image), a 则称为 b 的**原像** (preimage), 记作 $b = f(a)$.

与函数相比较, 上述定义中的集合 A 就是函数的定义域, a, b 分别对应自变量和因变量. 需要注意的是, 函数的值域是包含在集合 B 中的, 它们并不一定相等.

例 1.2.1 设 $A = \{0, 1, 2\}$, $B = \{a, b, c\}$, 法则 f 如下:

$$f : \quad 0 \longmapsto a, \quad 1 \longmapsto b, \quad 2 \longmapsto c,$$

则 f 是 A 到 B 的一个映射.

例 1.2.2　设 A 是全体整数的集合, B 是全体偶数的集合, 定义

$$f(n) = 2n, \quad n \in A,$$

则 f 是 A 到 B 的一个映射.

例 1.2.3　设 A 是非负实数集, B 是实数集. 对任意 $x \in A$, 令 $f(x) = \pm\sqrt{x}$, 那么对应关系 f 不是 A 到 B 的映射. 因为当 $x > 0$ 时, $f(x)$ 不能由 x 唯一确定.

定义 1.2.2　设 f 是集合 A 到 B 的一个映射.

若对于任何 $b \in B$, 都存在 $a \in A$, 使得 $f(a) = b$, 则称 f 为集合 A 到 B 的一个**满射** (surjection) (映上的).

若对任意 $a, b \in A$ 且 $a \neq b$, 都有 $f(a) \neq f(b)$, 则称 f 为集合 A 到 B 的一个**单射** (injection) (1-1 的).

若 f 既是满射又是单射, 则称映射 f 为集合 A 到 B 的一个**双射** (bijection) (一一对应).

例 1.2.4　上述例 1.2.1 及例 1.2.2 中映射 f 均是双射.

例 1.2.5　设 A 是数域 F 上全体 n 阶方阵组成的集合, 集合 $B = \{0, 1, 2, \cdots, n\}$. 对矩阵 $M \in A$, $r(M)$ 表示矩阵 M 的秩, 那么法则

$$
\begin{aligned}
f: \quad A &\longrightarrow B; \\
M &\longmapsto r(M)
\end{aligned}
$$

是一个满射, 但不是单射.

例 1.2.6　设 A 是非负实数集, $B = \{y \in \mathbb{R} \mid 0 \leqslant y < 1\}$.

$$f: A \longrightarrow B, \quad f(x) = \frac{x}{1+x}, \quad x \in A.$$

证明 f 是一个双射.

证明　f 是 A 到 B 的一个映射. 因为当 $x \geqslant 0$ 时, $0 \leqslant \dfrac{x}{1+x} < 1$, 并且是由 x 唯一确定的. 对任意 $y \in B$, 取 $x = \dfrac{y}{1-y}$. 因为 $0 \leqslant y < 1$, 则 $1 - y > 0$, 即 $x \geqslant 0$, 所以 $x \in A$ 且有

$$f(x) = \frac{x}{1+x} = \frac{\dfrac{y}{1-y}}{1 + \dfrac{y}{1-y}} = y.$$

因此 f 是满射.

又对任意 $x_1, x_2 \in A$, 如果 $f(x_1) = f(x_2)$, 即

$$\frac{x_1}{1+x_1} = \frac{x_2}{1+x_2},$$

那么 $x_1 = x_2$. 因此 f 是单射. 综上所述, f 是双射. □

对有限集合 A, B, 如果它们的大小相等, 即 $|A| = |B|$, 并且存在映射 $f: A \to B$, 那么

$$f \text{ 是单射} \iff f \text{ 是满射} \iff f \text{ 是双射}.$$

这是用来说明一个映射是双射的常用方法, 证明过程留给读者.

下面介绍映射的合成.

定义 1.2.3 设映射 $f: A \to B$ 以及 $g: B \to C$, 那么它们可以通过连续作用得到一个从 A 到 C 的映射

$$g \cdot f: A \to C, \quad (g \cdot f)(a) = g(f(a)), \quad a \in A.$$

$g \cdot f$ 称为 f 与 g 的**合成映射** (composite mapping).

例 1.2.7 设集合 $A = \{0, 1, 2\}$, $B = \{00, 01, 10\}$, $C = \{a, b, c\}$. 映射 $f: A \to B$, $g: B \to C$, 且

$$f(0) = 00, \quad f(1) = 01, \quad f(2) = 10,$$
$$g(00) = a, \quad g(01) = b, \quad g(10) = c,$$

则合成映射 $g \cdot f: A \to C$ 为

$$(g \cdot f)(0) = a, \quad (g \cdot f)(1) = b, \quad (g \cdot f)(2) = c.$$

注意到这里 $f \cdot g$ 无意义.

例 1.2.8 设 f, g 都是实数集 $\mathbb{R}$ 到 $\mathbb{R}$ 的映射, 且

$$f(x) = x^2, \quad g(x) = x + 1.$$

那么 $f \cdot g$, $g \cdot f$ 也都是 $\mathbb{R}$ 到 $\mathbb{R}$ 的映射, 且

$$(f \cdot g)(x) = (x + 1)^2, \quad (g \cdot f)(x) = x^2 + 1.$$

显然, $f \cdot g \neq g \cdot f$. 因此, 即使当合成映射 $f \cdot g$, $g \cdot f$ 都存在且有意义时, 二者也不一定相等.

性质 1.2.4 设 $f: A \to B$, $g: B \to C$, $h: C \to D$, 则

$$h \cdot (g \cdot f) = (h \cdot g) \cdot f,$$

即映射的合成满足结合律.

证明　对 $a \in A$, 令 $f(a) = b$, $g(b) = c$, $h(c) = d$, 则对合成映射有

$$(g \cdot f)(a) = c, \ (h \cdot g)(b) = d.$$

进一步地, $(h \cdot (g \cdot f))(a) = h(c) = d$ 且 $((h \cdot g) \cdot f)(a) = (h \cdot g)(b) = d$. 因此, 对任意 $a \in A$, 都有

$$(h \cdot (g \cdot f))(a) = ((h \cdot g) \cdot f)(a).$$

即 $h \cdot (g \cdot f) = (h \cdot g) \cdot f$. □

定义 1.2.5　集合 A 到自身的映射 f 称为 A 到自身的一个**变换**. 特别地, 如果 A 中的每个元素都被 f 映到它本身, 则称 f 为 A 的**恒等映射**或**单位映射** (identity mapping), 记为 I_A.

定义 1.2.6　设映射 $f : A \longrightarrow B$, 如果存在映射 $g : B \longrightarrow A$, 使得 $g \cdot f = I_A$ 且 $f \cdot g = I_B$, 那么称映射 g 为 f 的**逆映射** (inverse mapping). 若 f 的逆映射存在, 则称 f 为**可逆映射** (invertible mapping), 其逆记为 f^{-1}.

如果 f 是可逆映射, 那么它的逆映射是唯一的.(证明留作习题)

定理 1.2.7　映射 $f : A \longrightarrow B$ 是双射的充分必要条件是 f 为可逆映射.

证明　若 f 是双射, 则对任意 $b \in B$, 都存在唯一的 $a \in A$, 使得 $f(a) = b$. 不妨定义映射 $g : B \longrightarrow A$, 且 $g(b) = a$, 那么

$$(f \cdot g)(b) = f(g(b)) = f(a) = b,$$

故 $f \cdot g = I_B$. 对任意的 $a \in A$,

$$(g \cdot f)(a) = g(f(a)) = g(b) = a,$$

故 $g \cdot f = I_A$. 因此, g 为 f 的逆映射.

反之, 如果 f 为可逆映射, 不妨设其逆映射为 $g' : B \longrightarrow A$. 对任意 $a_1, a_2 \in A$, 如果 $f(a_1) = f(a_2)$, 那么

$$(g' \cdot f)(a_1) = (g' \cdot f)(a_2).$$

根据逆映射的定义, 有 $a_1 = a_2$. 因此, f 是单射. 对任意 $b \in B$, 若 $g'(b) = a$, 则

$$f(a) = f(g'(b)) = (f \cdot g')(b) = b.$$

因此, f 是满射. 综上, f 是双射. □

例 1.2.9　由定理 1.2.7 可知, 例 1.2.6 中映射 f 有逆映射. 并且容易验证, 其逆映射为

$$f^{-1} : B \longrightarrow A; \quad x \longmapsto \frac{x}{1-x}.$$

1. 举出下列映射的例子:

(1) 映射是满的但不是单的.

(2) 映射是单的但不是满的.

(3) 映射既不是单的也不是满的.

2. 证明: 可逆映射的逆映射是唯一的.

3. 设映射 $f : A \longrightarrow B$, $g : B \longrightarrow C$. 证明:

(1) 如果 $g \cdot f$ 是满射, 那么 g 是满射.

(2) 如果 $g \cdot f$ 是单射, 那么 f 是单射.

4. 设集合 A, B 的大小分别为 n, m, 试证明:

(1) A 到 B 映射的个数为 m^n.

(2) 若 $m \geqslant n$, A 到 B 单射的个数为 $m(m-1) \cdots (m-n+1)$.

(3) 若 $m = n$, A 到 B 双射的个数为 $m!$.

5. 设集合 A, B 的大小分别为 n, m, 且 $n \geqslant m$. 试求 A 到 B 满射的个数.

6. 设 A 是一个非空集合, $P(A)$ 是 A 的幂集. 证明: 在 A 与 $P(A)$ 之间不存在双射.

1.3 等价关系与划分

设 A, B 为两个非空集合. 所有这样的有序对 (a, b) (其中 $a \in A$, $b \in B$) 组成的集合称为 A 和 B 的**笛卡儿积** (Cartesian product), 记为 $A \times B$, 即

$$A \times B = \{(x, y) \mid x \in A, y \in B\}.$$

从上述定义可以看出, 笛卡儿积不满足交换性. 一般地, $A \times B$ 和 $B \times A$ 是不相等的, 即使是 $A = B$ 时, 元素 (x, y) 的前后顺序也不能颠倒. 值得注意的是, 空集是不含任何元素的, 因此它与任何集合做笛卡儿积得到的还是空集.

$$A \times \varnothing = \varnothing \times A = \varnothing.$$

下面我们根据集合的笛卡儿积来介绍关系.

定义 1.3.1 设 A 和 B 是两个非空集合, 称笛卡儿积 $A \times B$ 的一个子集 R 为一个**二元关系** (binary relation). 对任意 $(a, b) \in A \times B$, 当 $(a, b) \in R$ 时, 称 (a, b) 具有关系 R, 记为 aRb; 当 $(a, b) \notin R$ 时, 称 (a, b) 不具有关系 R, 记为 $a\overline{R}b$. 特别地, $A \times A$ 上的任何一个非空子集 R 称为 A 上的一个关系.

例 1.3.1　设集合 $A = \{1, 2, 3\}$, $B = \{2, 3, 4\}$, 那么集合 A 与集合 B 的笛卡儿积为

$$A \times B = \{(1,2), (1,3), (1,4), (2,2), (2,3), (2,4), (3,2), (3,3), (3,4)\}.$$

设 $R_1 = \{(2,2), (3,3)\} \subseteq A \times B$, 即 $2R_12$, $3R_13$. 不难看出, 这里的 R_1 其实就是一个关系.

例 1.3.2　实数集中的大于关系 ">" 是一个二元关系.

下面给出近世代数中一种非常重要的关系, 即等价关系.

定义 1.3.2　如果集合 A 的一个关系 R, 满足以下条件:

(1) 对任意 $a \in A$, 有 aRa; (自反性)

(2) 对 $a, b \in A$, 如果有 aRb, 那么必然有 bRa; (对称性)

(3) 对 $a, b, c \in A$, 如果有 aRb, bRc, 那么有 aRc. (传递性)

那么称 R 是集合 A 的一个**等价关系** (equivalence relation), 通常用符号 $\sim$ 表示.

例 1.3.3　整数集 $\mathbb{Z}$ 上的等于关系 "=" 是等价关系, 但 "<" 和 "$\leqslant$" 不是等价关系.

我们其实已经接触过很多的等价关系. 在日常生活中, 同学间的同班同学关系就可以看作是一种等价关系; 再比如实数集中的相等关系, 还有几何空间中的平行关系, 三角形的全等、相似, 数域 K 上的 n 阶方阵的等价都是等价关系. 等价关系之所以如此常见, 是因为它与分类问题密切相关.

定义 1.3.3　给定非空集合 A 以及集族 $\pi = \{A_1, A_2, \cdots, A_n\}$, 如果

(1) π 是 A 的覆盖, 即 $A = \bigcup_{i=1}^{n} A_i$;

(2) $A_i \cap A_j = \varnothing$, $i \neq j$, $i, j \in \{1, 2, \cdots, n\}$,

那么集族 π 叫做集合 A 的一个**划分** (partition).

例 1.3.4　如果将全校同学看作一个集合, 那么按照同班同学关系就可以得到该集合的一个划分.

例 1.3.5　设 $A = \{1, 2, 3\}$, 则

$$\pi_1 = \{\{1\}, \{2,3\}\}, \quad \pi_2 = \{\{1,2\}, \{3\}\}, \quad \pi_3 = \{\{1,3\}, \{2\}\},$$
$$\pi_4 = \{\{1\}, \{2\}, \{3\}\}, \quad \pi_5 = \{\{1,2,3\}\},$$

都是 A 的划分.

定理 1.3.4　非空集合 A 的一个划分决定 A 的一个等价关系; 反之, 集合 A 的一个等价关系决定 A 的一个划分.

证明　设集合 A 有划分 $\pi = \{A_1, A_2, \cdots, A_n\}$. 定义关系 R 如下:

$$aRb \iff a, b \text{ 属于同一个 } A_i.$$

由定义验证可得 R 是一个等价关系.

　反之, 我们可利用 A 的等价关系 $\sim$ 来决定 A 的一个划分. 任取 $a \in A$, 与 a 等价的所有元素作成 A 的一个子集, 记作 A_a. 由于 $a \sim a$, 故

$$a \in A_a,$$

因此, A 中每个元素都一定属于一个类.

　下面再证每个元素只属于一个类. 设 $a \in A_b$, $a \in A_c$, 则

$$a \sim b, \quad a \sim c,$$

任取 $x \in A_b$, 则 $x \sim b$. 由等价关系的对称性和传递性得

$$x \sim c,$$

即 $x \in A_c$, 于是 $A_b \subseteq A_c$.

　同理可证 $A_c \subseteq A_b$. 因此 $A_b = A_c$. 　　　　　　　　　　□

　划分也称为分类, 设 $\sim$ 是 A 上的等价关系, 我们称 A 的子集 $\bar{a} = \{b \in A | a \sim b\}$ 为 a 所代表的**等价类** (equivalence class).

　例 1.3.6　给出集合 $A = \{a, b, c\}$ 上的全部等价关系.

　给出 A 的全部划分即可得到 A 的全部等价关系. 全部划分如下:

$$\pi_1 = \{A\},$$
$$\pi_2 = \{\{a\}, \{b, c\}\},$$
$$\pi_3 = \{\{b\}, \{a, c\}\},$$
$$\pi_4 = \{\{c\}, \{a, b\}\},$$
$$\pi_5 = \{\{a\}, \{b\}, \{c\}\}.$$

　设 $a, b \in \mathbb{Z}$, 并且存在 $c \in \mathbb{Z}$ 使得 $b = ac$, 则称 a 整除 b, 记为 $a \mid b$. 整除关系 "$\mid$" 不是等价关系, 证明留作习题. 设 n 是正整数, 从整除定义模 n **同余关系** (congruence relation) 如下:

$$a \equiv b \pmod{n} \text{ 当且仅当 } n \mid (a - b),$$

称为 a 与 b 模 n 同余, 也就是有同样的余数. 譬如所有的偶数或者奇数模 2 同余.

　例 1.3.7　设 R 是整数集 $\mathbb{Z}$ 上的模 n 同余关系, 即

$$R = \{(a, b) \mid a, b \in \mathbb{Z}, a \equiv b \pmod{n}\}$$

给出由 $\mathbb{Z}$ 所产生的等价类. 一般地, 整数集 $\mathbb{Z}$ 上的模 n 同余关系所决定的划分也可以称为剩余类.

模 n 的剩余类是

$$\{\cdots, -2n, -n, 0, n, 2n, \cdots\},$$
$$\{\cdots, -2n+1, -n+1, 1, n+1, 2n+1, \cdots\},$$
$$\{\cdots, -2n+2, -n+2, 2, n+2, 2n+2, \cdots\},$$
$$\cdots\cdots$$
$$\{\cdots, -n-1, -1, n-1, 2n-1, 3n-1, \cdots\}.$$

这 n 个集合分别表示 $0, 1, 2, \cdots, n-1$ 所在的剩余类, 我们将它们表示成

$$\bar{0}, \bar{1}, \bar{2}, \cdots, \overline{n-1}.$$

通常将该剩余类的集合记为 $\mathbb{Z}_n$.

容易验证模 n 同余是一种等价关系, 并且每个整数 i 都会和 $0, 1, \cdots, n-1$ 中的某个模 n 同余, i 所在的同余类除了用 $\bar{i}$ 表示外, 也可以用 $[i]_n$ 表示, 即

$$[i]_n = \{m \in \mathbb{Z} \mid m \equiv i \pmod{n}\}, \quad 0 \leqslant i \leqslant n-1,$$

可以验证这些同余类两两无交, 从而构成了整数集的一个划分. 同余关系是一种非常重要的等价关系, 我们在后面也会多次提到.

习题 1.3

1. 列举几种你所认为的 "关系", 并判断它们是不是等价关系.
2. 证明: 非零整数集上的整除关系不是等价关系.
3. 设 n 是一个正整数, 对整数集 $\mathbb{Z}$, 令

$$R = \{(a, b) \mid a, b \in \mathbb{Z}, a \equiv b \pmod{n}\}.$$

证明: R 是 $\mathbb{Z}$ 上的一个等价关系.

4. 设 $R_n \subseteq A \times A$, $n = 1, 2, \cdots$ 都可以确定 A 上的一个等价关系, 并且有 $R_n \subseteq R_{n+1}$. 证明: $R = \bigcup_{n \in \mathbb{N}^+} R_n$ 也是 A 上的一个等价关系.

5. 设 R 是集合 A 上的一个二元关系. 对任意 $a, b, c \in A$, 如果 aRb, bRc, 则 cRa, 那么称 R 是循环关系. 试证明 R 是自反和循环的当且仅当 R 是等价关系.

1.4 代数运算与运算律

近世代数主要是研究各种抽象的代数系统, 而代数系统就是指带有代数运算的集合. 本节我们利用映射来定义代数运算.

定义 1.4.1 设 A 是一个非空集合, $A \times A$ 到 A 的一个映射 f 称为 A 的一个**代数运算** (algebraic operation), 即对任意 $a, b \in A$, 通过映射 f 可以唯一确定 $c \in A$, 使得 $c = f(a, b)$. 通常将代数运算记为 $\circ$, 即 $a \circ b = c$.

由定义不难看出, A 关于其代数运算是封闭的. 因此, 整数集上的普通加法、减法和乘法都是代数运算, 而除法则不是, 它关于整数集不封闭.

例 1.4.1 集合 A 的幂集 $P(A)$ 中元素的交、并以及对称差都是其幂集 $P(A)$ 的代数运算.

例 1.4.2 设 n 是一个大于 1 的正整数, $\mathbb{Z}_n = \{\overline{0}, \overline{1}, \cdots, \overline{n-1}\}$ 为模 n 剩余类集. 对任意 $\overline{a}, \overline{b} \in \mathbb{Z}_n$, 规定剩余类的加法与乘法如下

$$\overline{a} + \overline{b} = \overline{a+b}, \quad \overline{a}\,\overline{b} = \overline{ab},$$

则它们是 $\mathbb{Z}_n$ 的两个代数运算.

证明 设 $\overline{a} = \overline{c}, \overline{b} = \overline{d}$, 则 a 与 c 在同一类, b 与 d 在同一类, 从而

$$n|a-c, \quad n|b-d,$$

其中 $x|y$ 表示 x 整除 y. 于是有

$$n|(a-c)+(b-d), \; n|(a-c)b+(b-d)c,$$

也就是

$$n|(a+b)-(c+d), \; n|ab-cd,$$

即

$$\overline{a+b} = \overline{c+d}, \quad \overline{ab} = \overline{cd}.$$

这说明所规定的加法与乘法都和剩余类的代表元的选取无关, 故在剩余类集 $\mathbb{Z}_n$ 中存在唯一的剩余类 $\overline{a+b}$ 和 $\overline{ab}$ 分别与之对应, 因此上述规定的加法与乘法是剩余类集 $\mathbb{Z}_n$ 的两个代数运算. $\square$

对有限集合的代数运算, 常直观地列成一个表. 例如, 设

$$M = \{a_1, a_2, \cdots, a_n\},$$

而 $a_i \circ a_j = a_{ij} \in M\,(i, j = 1, 2, \cdots, n)$ 是 M 的一个代数运算, 则对此可列成下表:

$\circ$	a_1	a_2	$\cdots$	a_n
a_1	a_{11}	a_{12}	$\cdots$	a_{1n}
a_2	a_{21}	a_{22}	$\cdots$	a_{2n}
$\vdots$	$\vdots$	$\vdots$		$\vdots$
a_n	a_{n1}	a_{n2}	$\cdots$	a_{nn}

常称这种表为 M 的 "乘法表".

定义 1.4.2 设集合 A 有代数运算 $\circ$, 则

(1) 如果对任意元素 $a, b, c \in A$, 都有

$$(a \circ b) \circ c = a \circ (b \circ c),$$

那么称该代数运算满足**结合律** (associative law).

(2) 如果对任意元素 $a, b \in A$, 都有

$$a \circ b = b \circ a,$$

那么称该代数运算满足**交换律** (commutative law).

(3) 如果 A 还有另一代数运算 $*$, 并且对任意元素 $a, b, c \in A$, 都有

$$a \circ (b * c) = (a \circ b) * (a \circ c),$$

那么称运算 $\circ$ 对运算 $*$ 满足**左分配律** (left distributive law); 类似地, 如果

$$(b * c) \circ a = (b \circ a) * (c \circ a),$$

那么称运算 $\circ$ 对运算 $*$ 满足**右分配律** (right distributive law).

对代数运算来说, 结合律是具有重要作用的. 比如, 对集合 A 和代数运算 $\circ$, 从 A 中任意选取 n 个元素 $a_1, a_2, \cdots, a_n$, 符号 $a_1 \circ a_2 \circ \cdots \circ a_n$ 通常是没有意义的. 但如果在这个符号中按照某种顺序添加括号, 那肯定会得到唯一的结果. 而加括号的方式显然不止一种, 对每个给定的 n, 将有限种加括号的方式分别记为 Π_i, $i = 1, 2, \cdots$, 特别地, 将从前往后依次加括号的方式记作 Π_1, 即

$$\Pi_1 = (\cdots(((a_1 \circ a_2) \circ a_3) \circ a_4) \circ \cdots) \circ a_n.$$

定理 1.4.3 设集合 A 有代数运算 $\circ$, 如果其满足结合律, 那么对 A 中任意 n 个元素 $a_1, a_2, \cdots, a_n$ 做代数运算时, 无论用哪种方式加括号, 其运算结果总是相等的. 我们将这一结果用 $a_1 \circ a_2 \circ \cdots \circ a_n$ 表示.

证明 用数学归纳法. 当 $n = 3$ 时, 结论是显然的.

假设当元素个数小于 n 个时, 结论成立, 那么考虑 n 个元素 $a_1, a_2, \cdots, a_n$ 的一种情况:

$$\Pi_i(a_1, a_2, \cdots, a_n).$$

我们知道, 无论如何加括号, 最后一步必然是得到两个元素的运算, 不妨设为如下形式:

$$\Pi_s(a_1, a_2, \cdots, a_m) \circ \Pi_t(a_{m+1}, a_{m+2}, \cdots, a_n).$$

因为 $m < n$, 根据归纳假设, $\Pi_s(a_1, a_2, \cdots, a_m) = a_1 \circ a_2 \cdots \circ a_m$. 因为 $n-m < n$, 根据归纳假设,

$$\Pi_t(a_{m+1}, a_{m+2}, \cdots, a_n) = (a_{m+1} \circ a_{m+2} \circ \cdots \circ a_{n-1}) \circ a_n,$$

因此,

$$\Pi_i(a_1, a_2, \cdots, a_n) = (a_1 \circ \cdots \circ a_m) \circ ((a_{m+1} \circ a_{m+2} \circ \cdots \circ a_{n-1}) \circ a_n).$$

因为 $n = 3$ 时结论成立, 所以 $\Pi_i(a_1, a_2, \cdots, a_n) = a_1 \circ a_2 \circ \cdots \circ a_n$.　□

在定理 1.4.3 中, 如果代数运算还满足交换律, 那么即使对 $a_1, a_2, \cdots, a_n$ 这 n 个元素任意改变前后顺序, 运算结果仍然可以用 $a_1 \circ a_2 \circ \cdots \circ a_n$ 表示. 请读者自证.

定义 1.4.4 设 $\circ$ 是集合 A 上的一个运算. 如果存在元素 $e \in A$, 并且对任意的 $a \in A$ 都有

$$a \circ e = e \circ a = a,$$

那么称 e 是 A 关于运算 $\circ$ 的**单位元**或**恒等元** (identity element).

在数的一般加法下, 0 就是单位元, 在数的一般乘法下, 1 就是单位元. 单位元是代数系统中一个非常重要的元素, 在后面会进一步了解其重要性.

习题 1.4

1. 试列举正整数集上的两种代数运算.
2. 对正整数集定义代数运算

$$a \circ b = ab + 1.$$

这样的代数运算满足结合律吗?

3. 设集合 A 有两种代数运算 $\circ$ 和 $*$, 其中 $*$ 满足结合律, $\circ$ 对 $*$ 满足左分配律. 证明: 对 $a, b_1, b_2, \cdots, b_n \in A$, 有

$$a \circ (b_1 * b_2 * \cdots * b_n) = (a \circ b_1) * \cdots * (a \circ b_n).$$

4. 证明: 如果集合 A 对其运算 $\circ$ 有单位元, 那么单位元必唯一.
5. 在整数集 $\mathbb{Z}$ 上定义

$$m \odot n = 2m + n^2,$$

说明该运算不满足结合律、交换律, 且没有单位元.

1.5　同态与同构

同态与同构也是针对映射而言的, 它们是与二元运算发生关系的特殊映射.

定义 1.5.1　设 $(A, \circ)$ 和 $(B, *)$ 是两个代数系统, 其中 $\circ, *$ 分别为集合 A, B 的二元运算. 如果存在映射 $f: A \to B$, 满足

$$f(a \circ b) = f(a) * f(b), \quad \forall a, b \in A,$$

那么称 f 是 $(A, \circ)$ 到 $(B, *)$ 的**同态映射** (homomorphic mapping), 简称 f 是 A 到 B 的同态映射.

定义 1.5.2　如果集合 A 到集合 B 的同态映射 f 是单射, 那么称 f 是 A 到 B 的**单同态** (monomorphism).

定义 1.5.3　如果集合 A 到集合 B 的同态映射 f 是满射, 那么称 f 是 A 到 B 的**满同态** (epimorphism). 此时也称 A 和 B 是同态的, 记作 $A \sim B$.

例 1.5.1　设映射 $f: \mathbb{R} \to \mathbb{R}$, $f(x) = 2^x$, 且 $+$ 和 $\times$ 分别表示 $\mathbb{R}$ 上的普通加法和普通乘法. 对任意 $x_1, x_2 \in \mathbb{R}$, $f(x_1+x_2) = 2^{x_1+x_2} = 2^{x_1} \times 2^{x_2} = f(x_1) \times f(x_2)$. 所以 f 是从 $(\mathbb{R}, +)$ 到 $(\mathbb{R}, \times)$ 的同态映射, 且为单同态.

例 1.5.2　考虑 1.3 节中例 1.3.7 的同余关系和整数集 $\mathbb{Z}$. 设 $f: \mathbb{Z} \to \mathbb{Z}_4$, $f(x) = x \pmod 4$, 且 $+$ 为整数集上的普通加法. 定义 $+_4$ 为 $\mathbb{Z}_4$ 上的加法, 满足

$$\overline{a} +_4 \overline{b} = a + b \pmod 4, \quad \overline{a}, \overline{b} \in \mathbb{Z}_4.$$

对任意 $x_1, x_2 \in \mathbb{Z}$, $f(x_1+x_2) = (x_1+x_2) \pmod 4 = x_1 \pmod 4 +_4 x_2 \pmod 4 = f(x_1) +_4 f(x_2)$. 所以 f 是从 $(\mathbb{Z}, +)$ 到 $(\mathbb{Z}_4, +_4)$ 的同态映射, 且为满同态.

定理 1.5.4　设 $(A, \circ)$ 和 $(B, *)$ 为两个代数系统, 其中 $\circ, *$ 分别为集合 A, B 上的二元运算. 如果映射 f 是 $A \to B$ 上的满同态, 那么

(1) 如果 $\circ$ 满足结合律, 那么 $*$ 也满足结合律;

(2) 如果 $\circ$ 满足交换律, 那么 $*$ 也满足交换律.

证明　(1) 设 $\overline{a}, \overline{b}, \overline{c}$ 为集合 B 上的任意三个元素, 由于 f 是满射, 所以存在 $a, b, c \in A$, 使得 $f(a) = \overline{a}, f(b) = \overline{b}, f(c) = \overline{c}$. 如果 $\circ$ 满足结合律, 那么 $a \circ (b \circ c) = (a \circ b) \circ c$, 进而

$$f(a \circ (b \circ c)) = f((a \circ b) \circ c).$$

因为

$$f(a \circ (b \circ c)) = f(a) * f(b \circ c)$$
$$= f(a) * (f(b) * f(c))$$

$$= \bar{a} * (\bar{b} * \bar{c}),$$

而

$$f((a \circ b) \circ c) = f(a \circ b) * f(c)$$
$$= (f(a) * f(b)) * f(c)$$
$$= (\bar{a} * \bar{b}) * \bar{c},$$

所以, $\bar{a} * (\bar{b} * \bar{c}) = (\bar{a} * \bar{b}) * \bar{c}$.

(2) 对任意 $\bar{a}, \bar{b} \in B$, 存在 $a, b \in A$, 使得 $f(a) = \bar{a}, f(b) = \bar{b}$. 如果 $\circ$ 满足交换律, 则 $a \circ b = b \circ a$, 进而

$$f(a \circ b) = f(b \circ a).$$

因为

$$f(a \circ b) = f(a) * f(b) = \bar{a} * \bar{b},$$

而

$$f(b \circ a) = f(b) * f(a) = \bar{b} * \bar{a},$$

所以, $\bar{a} * \bar{b} = \bar{b} * \bar{a}$. □

定理 1.5.5 设 $(A, \circ, \tilde{\circ})$ 和 $(B, *, \tilde{*})$ 为两个代数系统, 其中 $\circ, \tilde{\circ}$ 为 A 上两个二元运算, $*, \tilde{*}$ 为 B 上两个二元运算. 如果存在满射 $f: A \to B$, 使得 A, B 对 $\circ, *$ 同态, 也对 $\tilde{\circ}, \tilde{*}$ 同态, 那么当 $\circ$ 对 $\tilde{\circ}$ 满足左 (右) 分配律时, $*$ 也对 $\tilde{*}$ 满足左 (右) 分配律.

证明过程与定理 1.5.4 类似, 不再赘述.

定义 1.5.6 如果集合 A 到集合 B 的同态映射 f 是双射, 那么称 f 是 A 到 B 的**同构映射** (isomorphic mapping), 简称同构. 此时也称集合 A 和集合 B 是同构的, 记作 $A \cong B$.

集合 A 自身到自身的同态映射称为 A 的**自同态映射**, 简称 A 的**自同态** (endomorphism). 集合 A 自身到自身的同构映射称为 A 的自同构映射, 简称 A 的**自同构** (automorphism).

例 1.5.3 映射 $f: \mathbb{Z} \to \mathbb{Z}, f(n) = kn, k \in \mathbb{Z}$ 是从 $(\mathbb{Z}, +)$ 到 $(\mathbb{Z}, +)$ 的自同态. 这是由于

$$f(m + n) = k(m + n) = km + kn = f(m) + f(n) \text{ 以及 } f(0) = 0.$$

当 $k \neq 0$ 时, 映射是单射, f 为单同态; 当 $k = \pm 1$ 时, 映射是双射, f 是自同构.

同态和同构在代数学的研究中具有重要意义, 对于同构的代数系统往往在本质上都看作是等同的. 我们在后面章节中将具体阐述不同代数系统之间的同态与同构.

习题 1.5

1. 设实数集 $\mathbb{R}$ 的二元运算为数的乘法, 判断下面映射是否是 $\mathbb{R}$ 到 $\mathbb{R}$ 的同态映射.

(1) $f(x) = |x|$;

(2) $f(x) = 2x$.

2. 设代数系统 $(\mathbb{N}, \times)$ 和 $(\{0,1\}, \times)$, 其中 $\mathbb{N}$ 为自然数集, $\times$ 为一般乘法. 映射 $f: \mathbb{N} \to \{0,1\}$ 定义为

$$f(n) = \begin{cases} 1, & \text{如果 } n = 2^k, k \geqslant 0, \\ 0, & \text{其他情况.} \end{cases}$$

证明 f 是同态.

3. 试证明同态映射的合成也是同态映射.

4. 设有理数集 $\mathbb{Q}$, 代数运算为数的加法; $\mathbb{Q}^*$ 非零有理数集, 代数运算为数的乘法. 证明: $(\mathbb{Q}, +)$ 与 $(\mathbb{Q}^*, \times)$ 之间不存在同构映射.

5. 设 $(A, \circ)$ 和 $(B, *)$ 运算表如下, 证明它们是同构的.

$\circ$	a	b	c
a	a	b	c
b	b	b	c
c	c	b	c

$*$	1	2	3
1	1	2	1
2	1	2	2
3	1	2	3

第2章
群论

群的理论是近代代数学的一个重要分支, 有着悠久的发展历史, 它在物理、化学、信息学等许多领域都有广泛的应用.

早在公元前, 人们就解决了一元二次方程的解, 并随着时间的积累, 一些特殊的一元三次方程的解也被求出, 但是一直无法找出一般的解法. 直到十六世纪初, 意大利人才解决了一元三次方程的一般解法. 随后, 意大利人费拉里 (L. Ferrari, 1522—1565) 给出了一元四次方程的通解.

于是, 一元五次及以上代数方程的根式解问题成为当时的世界性难题, 在随后的三个世纪, 五次方程的求解成为最迷人的数学问题, 很多大数学家在这个难题上都努力过, 但都未成功. 直到 1770 年, 法国数学家拉格朗日 (J. L. Lagrange, 1736—1813) 猜测 "一元五次及以上方程没有根式解". 1799 年, 意大利数学家鲁菲尼 (P. Ruffini, 1756—1822) 给出了一个证明, 但他在证明过程中用到了一个未经证明的命题, 后称阿贝尔定理. 1824 年, 挪威数学家阿贝尔 (N. H. Abel, 1802—1829) 给出了严格的证明. 遗憾的是, 对于什么样的特殊方程能用根式解, 他还未来得及得到答案就因病去世了. 直到十九世纪三十年代初, 法国天才数学家伽罗瓦 (E. Galois, 1811—1832) 引入了置换群的概念, 利用一种新的思想与方法, 彻底解决了这个问题. 伽罗瓦证明了一元 n 次多项式方程能用根式求解的一个充分必要条件是该方程的伽罗瓦群为 "可解群". 由于一般的一元 n 次方程的伽罗瓦群是 n 个文字的对称群 S_n, 而当 $n \geqslant 5$ 时 S_n 不是可解群, 故一般的五次及以上一元方程不能用根式求解. 置换群的理论对数学的发展起到了关键性作用. 因此, 学者一般都认为阿贝尔和伽罗瓦是群论的创始人.

本章主要介绍群的基本性质以及一些特殊的群, 其中包括群的定义、子群、循环群、置换群、拉格朗日定理、正规子群、商群以及群的同态与同构.

2.1 群 的 定 义

近世代数拓展了经典代数的研究领域, 抽象了研究对象, 不仅仅是数, 而是具有代数运算的集合, 这样的集合也称为代数系统, 群是具有一个代数运算的代数系统. 因此与集合比较, 群只是多了一个代数运算 (正是这个运算才给群带来了生命力), 所以群论研究的初步可以仿照集合论去讨论, 只是关于群的一切讨论都要围绕这个运算展开. 本节我们介绍群的基本概念、典型例子和简单性质. 群有 50 多种不同的定义方法, 但它们都是等价的, 在这一节我们介绍最常用的四种定义, 首先我们给出其中一种定义, 也称为 "双边定义法".

定义 2.1.1　设 G 是一个非空集合, 在 G 上有代数运算 $\circ$. 满足

(1) **结合律**　$\forall\, a, b, c \in G,\ (a \circ b) \circ c = a \circ (b \circ c)$,

(2) **单位元**　G 中存在元素 e, 使 G 中任意元素 a, 有 $e \circ a = a \circ e = a$,

(3) **逆元**　$\forall\, a \in G,\ \exists\, b \in G$, 使得 $a \circ b = b \circ a = e$,

则称 G 关于代数运算 $\circ$ 构成一个**群** (group), 记作 $(G, \circ)$, 简记为 G.

为了方便, $a \circ b$ 简记为 $a \cdot b$ 或 ab.

注记 2.1.2　上述定义中的元素 e 称为群 G 的**单位元** (unit element); 元素 b 称为 a 的**逆元** (inverse element). 后面将证明群 G 的单位元 e 和每个元素的逆元都是唯一的, G 中元素 a 的唯一逆元通常记作 a^{-1}.

如果群 G 中的代数运算还满足交换律, 即对群 G 中任意两个元素 a, b 均有 $a \circ b = b \circ a$, 那么称 G 为**交换群** (commutative group) 或**阿贝尔群** (Abel group).

一个群如果只包含有限个元素, 那么称为**有限群** (finite group); 否则称为**无限群** (infinite group). 一个有限群 G 中所包含的元素个数称为群 G 的**阶** (order), 记为 $|G|$.

例 2.1.1　整数集 $\mathbb{Z}$ 关于数的普通加法构成一个交换群, 这个群称为整数加群. 显然普通加法是 $\mathbb{Z}$ 上的一个代数运算, 并且满足结合律, $\mathbb{Z}$ 的单位元是 0, 整数 a 的逆元是 $-a$. 整数集 $\mathbb{Z}$ 关于数的普通乘法不能构成一个群, 因为除去 ± 1 之外其他任何整数在 $\mathbb{Z}$ 中都没有逆元.

当群 G 的运算用加号 "+" 表示时, 通常将 G 的单位元记作 0, 并称 0 为 G 的零元, 将 $a \in G$ 的逆元记作 $-a$, 并称 $-a$ 为 a 的负元. 习惯上, 只有当群为交换群时, 才用 "+" 来表示群的运算, 并称这个运算为**加法** (addition), 把运算的结果叫做**和** (sum), 同时称这样的群为**加群** (additive group). 相应地, 将不是加群的群称为**乘群** (multiplicative group), 并把乘群的运算叫做**乘法** (multiplicative), 运算的结果叫做**积** (product). 在运算过程中, 乘群的运算符号通常省略不写. 今后, 如不作特别说明, 总假定群的运算是乘法.

例 2.1.2 全体非零有理数的集合 $\mathbb{Q}^*$ 和全体正有理数的集合 $\mathbb{Q}^+$ 关于数的普通乘法都构成交换群. 显然普通乘法是 $\mathbb{Q}^*$ 和 $\mathbb{Q}^+$ 上的一个代数运算, 并且满足结合律和交换律, 单位元都是 1, 元素 a 的逆元是 $\dfrac{1}{a}$.

例 2.1.3 全体 n 次单位根组成的集合关于数的普通乘法构成一个 n 阶交换群. 这个群记为 U_n, 并称为 n 次单位根群. 显然普通乘法是 U_n 上的一个代数运算, 并且满足结合律和交换律, 单位元都是 1, 元素 a 的逆元是 a^{n-1}.

例 2.1.4 实数域 $\mathbb{R}$ 上全体 n 阶可逆矩阵构成的集合 $\mathrm{GL}(\mathbb{R})$ 关于矩阵的乘法构成一个群, 这个群称为**一般线性群** (general linear group). 显然普通乘法是 $\mathrm{GL}(\mathbb{R})$ 上的一个代数运算, 并且满足结合律, 单位元是单位矩阵 I_n, 可逆矩阵 A 的逆元是 A 的逆矩阵 A^{-1}. 特别地, 当 $n > 1$ 时, $\mathrm{GL}(\mathbb{R})$ 是一个非交换群.

例 2.1.5 证明: 整数集 $\mathbb{Z}$ 关于运算 $a \circ b = a + b + x$ 构成一个交换群, 其中 x 是一个固定的正整数.

证明 对任意 $a, b, x \in \mathbb{Z}$, $a + b + x$ 是一个由 a, b 和 x 唯一确定的整数, 故该运算是 $\mathbb{Z}$ 上的一个代数运算. 对任意 $a, b, c \in \mathbb{Z}$,

$$(a \circ b) \circ c = (a + b + x) \circ c = (a + b + x) + c + x = a + b + c + 2x,$$

同理有

$$a \circ (b \circ c) = a + b + c + 2x,$$

于是, 对 $\mathbb{Z}$ 中任意元素 a, b, c 都有

$$(a \circ b) \circ c = a \circ (b \circ c),$$

从而该代数运算满足结合律. 又有

$$a \circ b = a + b + x = b + a + x = b \circ a,$$

从而该代数运算满足交换律. 对 $\mathbb{Z}$ 中任意元素 a 都有

$$(-x) \circ a = -x + a + x = a, \quad a \circ (-x) = a + (-x) + x = a,$$

所以 $-x$ 是 $\mathbb{Z}$ 的单位元. 最后,

$$(-2x - a) \circ a = (-2x - a) + a + x = -x, \ a \circ (-2x - a) = a + (-2x - a) + x = -x,$$

故 $-2x - a$ 是 a 的逆元. 因此, 整数集 $\mathbb{Z}$ 关于该运算构成一个交换群. □

例 2.1.6 设 n 是一个大于 1 的正整数, 则剩余类集 $\mathbb{Z}_n = \{\overline{0}, \overline{1}, \cdots, \overline{n-1}\}$ 关于剩余类的加法构成一个群, 称为模 n 剩余类加群.

证明 由例 1.4.2 可知, 其定义的加法是剩余类集 $\mathbb{Z}_n$ 的一个代数运算. 对任意 $\overline{a}, \overline{b}, \overline{c} \in \mathbb{Z}_n$,

$$(\bar{a}+\bar{b})+\bar{c} = \overline{a+b}+\bar{c} = \overline{(a+b)+c} = \overline{a+(b+c)} = \bar{a}+\overline{b+c} = \bar{a}+(\bar{b}+\bar{c}),$$
$$\bar{a}+\bar{b} = \overline{a+b} = \overline{b+a} = \bar{b}+\bar{a},$$

从而结合律和交换律成立. 由交换律可知, 对 $\mathbb{Z}_n$ 中任意元素 $\bar{a}$ 都有

$$\bar{a}+\bar{0} = \bar{0}+\bar{a} = \overline{0+a} = \bar{a},$$

即 $\bar{0}$ 是 $\mathbb{Z}_n$ 的单位元. 最后

$$\bar{a}+\overline{-a} = \overline{-a}+\bar{a} = \overline{a-a} = \bar{0},$$

故 $\overline{-a}$ 是 $\bar{a}$ 的逆元. 因此, $\mathbb{Z}_n$ 关于这个加法构成一个群. □

例 2.1.7 设 n 是一个大于 1 的正整数, 且令

$$U(n) = \{\bar{a} \in \mathbb{Z}_n \mid \gcd(a, n) = 1\},$$

则 $U(n)$ 关于剩余类的乘法构成一个群, 称为模 n 单位乘群.

证明 任取 $\bar{a}, \bar{b} \in U(n)$, 则

$$\gcd(a, n) = 1, \quad \gcd(b, n) = 1,$$

于是有

$$\gcd(ab, n) = 1,$$

故 $\overline{ab} \in U(n)$. 再由剩余类乘法是 $\mathbb{Z}_n$ 的一个代数运算可知, 剩余类乘法也是 $U(n)$ 的一个代数运算.

对任意 $\bar{a}, \bar{b}, \bar{c} \in U(n)$,

$$(\bar{a}\bar{b})\bar{c} = \overline{ab}\,\bar{c} = \overline{(ab)c} = \overline{a(bc)} = \bar{a}\,\overline{bc} = \bar{a}(\bar{b}\bar{c}),$$
$$\bar{a}\bar{b} = \overline{ab} = \overline{ba} = \bar{b}\bar{a},$$

从而结合律和交换律成立.

显然 $\gcd(1, n) = 1$, 从而 $\bar{1} \in U(n)$. 由交换律可知, 对 $U(n)$ 中任意元素 $\bar{a}$ 有

$$\bar{a}\bar{1} = \bar{1}\bar{a} = \overline{1 \cdot a} = \bar{a},$$

所以 $\bar{1}$ 是 $U(n)$ 的单位元.

最后, 对 $U(n)$ 中任意元素 $\bar{a}$ 有 $\gcd(a, n) = 1$, 故存在整数 s, t 使

$$as + nt = 1,$$

从而 $\gcd(s, n) = 1$, 于是 $\bar{s} \in U(n)$. 另有

$$\bar{a}\,\bar{s} = \overline{as} = \overline{as+nt} = \bar{1},$$

所以 $\bar{s}$ 是 $\bar{a}$ 的逆元. 因此 $U(n)$ 关于剩余类的乘法构成一个交换群. □

例 2.1.8 求模 8 单位乘群 $U(8)$ 以及每个元素的逆元.

解 由定义可知, $\bar{a} \in U(8)$ 当且仅当 $\gcd(a,8)=1$, 从而

$$U(8) = \{\bar{1}, \bar{3}, \bar{5}, \bar{7}\}.$$

又有

$$\bar{1} \cdot \bar{1} = \bar{1}, \quad \bar{3} \cdot \bar{3} = \bar{9} = \bar{1}, \quad \bar{5} \cdot \bar{5} = \overline{25} = \bar{1}, \quad \bar{7} \cdot \bar{7} = \overline{49} = \bar{1},$$

于是

$$\bar{1}^{-1} = \bar{1}, \quad \bar{3}^{-1} = \bar{3}, \quad \bar{5}^{-1} = \bar{5}, \quad \bar{7}^{-1} = \bar{7}. \qquad \square$$

注记 2.1.3 当 $n = p$ 是一个素数时, 任意小于 p 的正整数都与 p 互素, 此时

$$U(p) = \{\bar{1}, \cdots, \overline{p-1}\} = \mathbb{Z}_p^*.$$

根据数论知识可知, 对正整数 n, 欧拉函数 $\phi(n)$ 是小于等于 n 的正整数中与 n 互素的数的个数. 结合例 2.1.7 可知, 模 n 单位乘群 $U(n)$ 的阶为 $\phi(n)$.

例 2.1.9 设 S 是一个集合 (可以有限, 也可以无限), 令 $P(S)$ 是集合 S 的幂集, 即

$$P(S) = \{A \mid A \subseteq S\}.$$

对称差集运算定义为

$$A \triangle B = \{x \mid x \in A \cup B, x \notin A \cap B\},$$

则集合 $P(S)$ 关于运算 $\triangle$ 构成一个交换群.

证明 对任意的 $A, B \in P(S)$, 有 $A \triangle B \subseteq S$, 从而

$$A \triangle B \in P(S),$$

于是对称差集运算是集合 $P(S)$ 上的一个代数运算.

对任意 $A, B, C \in P(S)$, 有

$$\begin{aligned}
(A \triangle B) \triangle C &= \{x \mid x \in (A \triangle B) \cup C, x \notin (A \triangle B) \cap C\} \\
&= \{x \mid x \in A \cup B \cup C, x \notin A \cap B, x \notin B \cap C, x \notin A \cap C\} \\
&= A \triangle (B \triangle C),
\end{aligned}$$

$$A \triangle B = \{x \mid x \in A \cup B, x \notin A \cap B\} = B \triangle A,$$

从而结合律和交换律成立.

空集 $\varnothing \subseteq S$, 于是 $\varnothing \in P(S)$. 由交换律可知, 对任意的 $A \in P(S)$, 有

$$A \triangle \varnothing = \varnothing \triangle A = A,$$

从而 $\varnothing$ 是 $P(S)$ 的单位元.

最后, 对任意 $A \in P(S)$, 有

$$A \triangle A = \{x \mid x \in A \cup A, x \notin A \cap A\} = \varnothing,$$

所以 A 的逆元是 A 本身. 因此集合 $P(S)$ 关于运算 $\triangle$ 构成一个交换群. □

注记 2.1.4 设 G 是一个群, 由群 G 上的运算满足结合律可知, 群中任意 n 个元素 $a_1, a_2, \cdots, a_n$ 相乘与运算的顺序无关, 因此可以简单地记为 $a_1 a_2 \cdots a_n$.

下面引入群中元素的方幂的概念. 对群 G 中任意元素 a 和任意的正整数 n, 定义

$$a^n = \underbrace{aa \cdots a}_{n}, \quad a^{-n} = (a^{-1})^n = \underbrace{a^{-1} a^{-1} \cdots a^{-1}}_{n}.$$

值得注意的是, 其中的代数运算被省略. 我们约定 $a^0 = e$. 对任意的 $a, b \in G$ 以及任意两个整数 m, n, 不难验证下面两个指数运算规则成立.

$a^m a^n = a^{m+n}$, (加群中为 $ma + na = (m+n)a$);

$(a^m)^n = a^{mn}$, (加群中为 $n(ma) = (nm)a$).

当 $ab = ba$ 时,

$(ab)^n = a^n b^n$, (加群中为 $n(a+b) = na + nb$).

下面讨论群的一些基本性质.

定理 2.1.5 设 G 是一个群, 则有如下结论

(1) 群 G 中的单位元是唯一的;

(2) 群 G 中的每个元素的逆元是唯一的;

(3) 消去律成立, 即设 $a, b, c \in G$, 如果 $ab = ac$ 或 $ba = ca$, 都有 $b = c$.

证明 (1) 设 e_1 和 e_2 都是群 G 的单位元, 则 $e_1 = e_1 e_2 = e_2$.

(2) 设 b 和 c 都是 a 的逆元, 则 $ab = e, ca = e$, 从而

$$c = ce = c(ab) = (ca)b = eb = b,$$

因此, $b = c$.

(3) 设 $ab = ac$, 于是有

$$b = eb = (a^{-1}a)b = a^{-1}(ab) = a^{-1}(ac) = (a^{-1}a)c = ec = c,$$

同理可证 $ba = ca$ 的情况. □

利用群的性质, 可以证明初等数论四大定理之一——欧拉定理.

定理 2.1.6 (欧拉定理) 如果 $\gcd(a, n) = 1$, 那么 $a^{\phi(n)} \equiv 1 \pmod{n}$, 其中 $\phi(n)$ 是欧拉函数.

证明 设 $U(n) = \{\overline{a_1}, \overline{a_2}, \cdots, \overline{a_{\phi(n)}}\}$, 有 $\gcd(a_i, n) = 1$, $i = 1, 2, \cdots, \phi(n)$, 从而又有

$$\gcd\left(\prod_{i=1}^{\phi(n)} a_i, n\right) = 1.$$

如果 $\gcd(a, n) = 1$, 那么 $\overline{a} \in U(n)$. 由于 $U(n)$ 是一个群, 所以

$$\overline{aa_i} \in U(n), \quad i = 1, 2, \cdots, \phi(n).$$

如果 $\overline{aa_i} = \overline{aa_j}$, 由消去律成立可知 $\overline{a_i} = \overline{a_j}$, 这说明 $\overline{aa_1}, \overline{aa_2}, \cdots, \overline{aa_{\phi(n)}}$ 是 $\phi(n)$ 个互不相同的元素, 从而

$$\{\overline{aa_1}, \overline{aa_2}, \cdots, \overline{aa_{\phi(n)}}\} = U(n) = \{\overline{a_1}, \overline{a_2}, \cdots, \overline{a_{\phi(n)}}\},$$

故有

$$\prod_{i=1}^{\phi(n)} a_i \equiv \prod_{i=1}^{\phi(n)} \overline{a_i} \equiv \prod_{i=1}^{\phi(n)} \overline{aa_i} \equiv \prod_{i=1}^{\phi(n)} aa_i \equiv a^{\phi(n)} \prod_{i=1}^{\phi(n)} a_i \pmod{n}.$$

最后由 $\gcd\left(\prod_{i=1}^{\phi(n)} a_i, n\right) = 1$ 可知, $a^{\phi(n)} \equiv 1 \pmod{n}$. □

特别地, 当 $n = p$ 是一个素数时, $\phi(p) = p - 1$, 从而得出初等数论中四大定理的另一个定理 ——费马小定理.

推论 2.1.7 (费马小定理) 设 p 是一个素数且 a 是任意一个整数. 如果 a 不是 p 的倍数, 那么 $a^{p-1} \equiv 1 \pmod{p}$.

下面我们引入半群与幺半群的概念, 其与群有着密切的联系.

定义 2.1.8 设 S 是一个非空集合. 如果它有一个代数运算并满足结合律, 那么称 S 是一个**半群** (semigroup). 如果半群 S 含有单位元, 那么称 S 是一个**幺半群** (monoid).

例 2.1.10 正整数集 $\mathbb{N}^+ = \{1, 2, \cdots\}$ 关于普通加法构成一个半群, 但不是幺半群. 关于普通乘法构成一个幺半群, 1 是单位元.

例 2.1.11 自然数集 $\mathbb{N} = \{0, 1, 2, \cdots\}$ 关于普通加法或普通乘法构成一个幺半群, 0 和 1 分别是其单位元.

下面我们将刻画一个半群构成一个群的充要条件, 事实上, 它也是群的另一个定义, 称为 "左左定义法".

定理 2.1.9 设 G 是一个半群, 则 G 构成群的充要条件是

(1) 存在左单位元 $e \in G$, 即对 G 中任意元素 a, 有 $ea = a$;

(2) 存在左逆元, 即对 G 中任意元素 a, 存在 $a' \in G$, 使 $a'a = e$.

证明 根据群的定义, 必要性是显然的. 充分性只需证: e 是 G 的单位元, a' 是 a 的逆元. 任取 $a \in G$, 由 (2) 可知, 存在 $a', a'' \in G$, 使 $a'a = e$, $a''a' = e$, 故

$$aa' = e(aa') = (a''a')(aa') = a''(a'a)a' = a''ea' = a''(ea') = a''a' = e,$$

于是有

$$ae = a(a'a) = (aa')a = ea = a,$$

从而 e 是 G 的单位元, a' 是 a 的逆. 因此, G 构成一个群. □

注记 2.1.10 事实上, 把左单位元换成右单位元, 左逆元换成右逆元, 上述定理也是成立的, 这是群的另一种定义, 称为 "右右定义法".

从方程的角度也可以刻画一个半群构成一个群的充要条件, 即群的第四种定义, 称为 "方程定义法".

定理 2.1.11 设 G 是一个半群, 则 G 构成群的充要条件是对 G 中任意两个元素 a, b, 方程

$$ax = b, \quad ya = b$$

在 G 中都有解.

证明 必要性. 设 G 构成一个群, 令 $x = a^{-1}b$, $y = ba^{-1}$, 则它们分别是上述方程的解.

充分性. 设 a, b 是半群 G 中的任意两个元素, 方程 $ya = b$ 在 G 中都有解. 设方程 $yb = b$ 的解为 e, 则 $eb = b$. 设方程 $bx = a$ 的解为 c, 则 $bc = a$. 于是

$$ea = e(bc) = (eb)c = bc = a,$$

从而 e 是 G 的左单位元.

另外, 对 G 中任意元素 a, 设方程 $ya = e$ 在 G 中的解为 a', 则 $a'a = e$. 从而 a' 是 a 的左逆元. 根据定理 2.1.9, G 构成一个群. □

进一步, 限制在有限半群时, 我们有下列结果.

推论 2.1.12 有限半群 G 构成群的充要条件是两个消去律成立.

证明 必要性是显然的, 下证充分性. 设 $G = \{a_1, a_2, \cdots, a_n\}$. 对任意 $a \in G$, 则 $aa_i \in G$. 如果 $aa_i = aa_j$, 由消去律成立可知 $a_i = a_j$. 这说明 $aa_1, aa_2, \cdots, aa_n$ 是 n 个两两互不相同的元素. 从而

$$\{aa_1, aa_2, \cdots, aa_n\} = G = \{a_1, a_2, \cdots, a_n\},$$

对任意 $b \in G$, 在 G 中存在元素 a_i 使 $aa_i = b$, 即方程 $ax = b$ 在 G 中有解. 同理可证方程 $ya = b$ 在 G 中也有解. 根据定理 2.1.11, G 构成一个群. □

习题 2.1

1. 下列集合对相应给出的运算, 哪些能作成群? 哪些不能作成群? 请说明理由.

(1) 实数集 $\mathbb{R}$, 对运算 $a \circ b = 2(a+b)$;

(2) 非零实数集 $\mathbb{R}^*$, 对运算 $a \circ b = 2ab$;

(3) 所有实数对 (a,b) 作成的集合, 对运算 $(a,b) \circ (c,d) = (a+c, b-d)$.

2. 设 a, b 是群 G 中的任意元素, 证明: $(a^{-1})^{-1} = a$; $(ab)^{-1} = b^{-1}a^{-1}$.

3. 证明: 全体 n 阶实正交矩阵构成的集合 $O_n(\mathbb{R})$ 关于矩阵的乘法构成一个群.

4. 整数集 $\mathbb{Z}$ 关于运算 $a \circ b = a + b - ab$ 是否构成半群、幺半群或群? 请说明理由.

5. 证明: 如果群 G 中的每个元素都满足方程 $x^2 = e$, 那么 G 是一个交换群.

6. 设 G 是一个群. 证明: G 是交换群的充要条件是, 对 G 中任意元素 a, b 都有 $(ab)^2 = a^2b^2$.

2.2 子 群

子群是群论中的一个基本概念, 群论的全部内容都在不同程度上和子群有联系. 了解子群是了解群的重要渠道, 就好比从整体到局部, 再从局部回到整体, 这也是研究代数系统的重要方法之一. 比如在讨论集合时, 引入了子集的概念; 在线性空间中, 引入了子空间的概念.

定义 2.2.1 设 G 是一个群, H 是 G 的一个非空子集. 若 H 关于 G 的代数运算也构成群, 则称 H 为 G 的一个**子群** (subgroup), 简记为 $H \leqslant G$.

根据群的定义可知, 子群具有**传递性** (transitivity), 也就是说, 设 G 是一个群, 如果 $K \leqslant H \leqslant G$, 那么 $K \leqslant G$.

如果 $|G| > 1$, 那么只含单位元 e 的子集 $\{e\}$ 以及 G 本身是 G 的两个子群, 这两个子群称为群 G 的平凡子群. 群 G 的其他子群 (若存在的话) 称为群 G 的非平凡子群. 群 G 的不等于它自身的子群称为 G 的真子群.

例 2.2.1 整数加群是有理数加群的一个真子群; 正有理数乘群是非零有理数乘群的一个真子群; 非零有理数乘群又是非零实数乘群的一个真子群.

例 2.2.2 设 n 是一个整数, 则全体 n 的整数倍构成的集合

$$n\mathbb{Z} = \{\cdots, -2n, -n, 0, n, 2n, \cdots\}$$

是整数加群 $\mathbb{Z}$ 的一个子群. 特别地, 当 $n \neq \pm 1$ 时, $n\mathbb{Z}$ 是 $\mathbb{Z}$ 的一个真子群.

例 2.2.3 设 $\mathbb{Z}_8$ 是模 8 剩余类加群, 则集合

$$2\mathbb{Z}_8 = \{\bar{0}, \bar{2}, \bar{4}, \bar{6}\}$$

是 $\mathbb{Z}_8$ 的一个子群.

证明　剩余类加法显然是集合 $2\mathbb{Z}_8$ 上的一个代数运算. 由 $\mathbb{Z}_8$ 是群可知, 结合律是满足的. $\overline{0}$ 是单位元, 又有

$$-\overline{2} = \overline{6}, \quad -\overline{4} = \overline{4}, \quad -\overline{6} = \overline{2},$$

从而集合 $2\mathbb{Z}_8$ 关于剩余类加法也构成一个群. 因此, $2\mathbb{Z}_8$ 是 $\mathbb{Z}_8$ 的一个子群.　□

定理 2.2.2　设 G 是一个群, H 是 G 的一个子群, 则 H 的单位元就是 G 的单位元, H 中任意元素 a 在 H 中的逆元就是 a 在 G 中的逆元.

证明　设 G 的单位元为 e, H 的单位元为 e', 则 $e' \in G$, 于是

$$e'e' = e' = e'e,$$

由消去律可知 $e' = e$.

设 a 在 H 中的逆元为 a', a 在 G 中的逆元为 a^{-1}, 则 $a' \in G$, 于是

$$a'a = e = a^{-1}a,$$

由消去律可知 $a' = a^{-1}$.　□

判断群的一个非空子集是不是该群的一个子群, 由下面的定理可知, 只需验证两个条件即可.

定理 2.2.3　设 G 是一个群, H 是 G 的一个非空子集, 则 $H \leqslant G$ 的充要条件是

(1) **封闭**　对任意 $a, b \in H$, 有 $ab \in H$;

(2) **逆元**　对任意 $a \in H$, 有 $a^{-1} \in H$.

证明　必要性. 如果 $H \leqslant G$, 那么 G 的代数运算也是 H 的代数运算, 因此, $\forall\, a, b \in H$, 有 $ab \in H$; 由定理 2.2.2 可知, 条件 (2) 成立.

充分性. 由 (1) 可知, G 的代数运算也是 H 的代数运算; 结合律对 H 显然成立; 由 (2) 可知, $\forall\, a \in H$, 有 $a^{-1} \in H$, 再由 (1) 可知,

$$a^{-1}a = e \in H,$$

从而 H 有单位元 e, 且 H 中每个元素的逆元也在 H 中. 综上, H 是 G 的一个子群.　□

定理 2.2.3 中验证子群的两个条件也可以用一个条件来代替.

定理 2.2.4　设 G 是一个群, H 是 G 的一个非空子集, 则 $H \leqslant G$ 的充要条件是对任意 $a, b \in H$, 有 $ab^{-1} \in H$.

证明 必要性. 设 $H \leqslant G$, 由定理 2.2.3 可知, 对任意 $a,b \in H$, 有 $b^{-1} \in H$, 由 G 的代数运算也是 H 的代数运算可知, $ab^{-1} \in H$.

充分性. 对任意 $a,b \in H$, 有 $ab^{-1} \in H$. 于是

$$e = aa^{-1} \in H,$$

从而 $a^{-1} = ea^{-1} \in H$. 因此对任意 $a,b \in H$, 有 $b^{-1} \in H$, 从而

$$ab = a(b^{-1})^{-1} \in H.$$

再由定理 2.2.3 可知, H 是 G 的一个子群. 同理可证另一种情况. □

定义 2.2.5 设 A 和 B 是群 G 的两个非空子集, 称集合

$$AB = \{ab \mid a \in A, b \in B\}$$

为子集 A 和 B 的乘积; 称集合

$$A^{-1} = \{a^{-1} \mid a \in A\}$$

为子集 A 的逆.

推论 2.2.6 设 G 是一个群, H 是 G 的一个非空子集, 则 $H \leqslant G$ 的充要条件是

$$HH = H; \quad H^{-1} = H.$$

证明 必要性. 如果 $H \leqslant G$, 那么 $HH \subseteq H$; 对任意 $a \in H$, 有

$$a = ea \in HH,$$

从而 $H \subseteq HH$, 故 $HH = H$. 又对任意 $a \in H$, 则必有 $a^{-1} \in H$, 从而

$$a = (a^{-1})^{-1} \in H^{-1},$$

因此 $H \subseteq H^{-1}$. 同理可证 $H^{-1} \subseteq H$, 故 $H = H^{-1}$.

充分性. 如果 $HH = H$, 那么 H 对 G 的代数运算封闭. 由 $H^{-1} = H$ 可知, 对任意 $a \in H$, 有 $a^{-1} \in H^{-1}$. 于是存在 $b \in H$ 使得 $a = b^{-1}$, 从而

$$a^{-1} = (b^{-1})^{-1} = b \in H.$$

最后由定理 2.2.3 可知, H 是 G 的一个子群. □

推论 2.2.7 设 G 是一个群, H 是 G 的一个非空有限子集, 则 $H \leqslant G$ 的充要条件是 H 对 G 的代数运算封闭, 即对任意 $a,b \in H$, 有 $ab \in H$.

证明　必要性是显然的, 下证充分性. 假设 H 是群 G 的一个非空有限子集. 由 G 是一个群可知, H 对 G 的代数运算满足结合律和消去律. 再由 H 对 G 的代数运算封闭可知, H 关于 G 的代数运算构成一个半群. 最后由推论 2.1.12 可知, H 是群 G 的子群.　　　　　　　　　　　　　　　　　　　　　　　　□

类似于推论 2.2.6, 我们有下面的推论.

推论 2.2.8　设 G 是一个群, H 是 G 的一个非空子集, 则 $H \leqslant G$ 的充要条件是 $HH^{-1} = H$. 特别地, 若 H 是 G 的一个非空有限子集, 则 $H \leqslant G$ 的充要条件是 $HH = H$.

例 2.2.4　实数域 $\mathbb{R}$ 上全体行列式等于 1 的 n 阶矩阵构成的集合 $\mathrm{SL}(\mathbb{R})$ 是一般线性群 $\mathrm{GL}(\mathbb{R})$ 的一个子群, 称为**特殊线性群** (special linear group). 这是因为对任意 $A, B \in \mathrm{SL}(\mathbb{R})$, 有 $|A| = |B| = 1$, 于是

$$|AB^{-1}| = |A||B^{-1}| = |A||B|^{-1} = 1,$$

因此, $AB^{-1} \in \mathrm{SL}(\mathbb{R})$.

下面我们定义一个群的中心.

定义 2.2.9　设 G 是一个群, 若 G 中元素 a 与 G 中任意元素都可交换, 即对任意 $x \in G$, 有 $ax = xa$, 则称 a 是群 G 的**中心元素** (center element), 全体中心元素构成的集合 $C(G)$ 称为群 G 的**中心** (center).

定理 2.2.10　设 G 是一个群, 则群 G 的全体中心元素构成的集合 $C(G)$ 是 G 的一个子群.

证明　设群 G 的单位元为 e. 对任意 $x \in G$, 有

$$ex = x = xe,$$

因此 $e \in C(G)$, 从而 $C(G)$ 是一个非空子集. 设 $a, b \in C(G)$, 则对任意 $x \in G$, 都有

$$(ab)x = a(bx) = a(xb) = (ax)b = (xa)b = x(ab),$$

所以 $ab \in C(G)$. 由 $ax = xa$ 可得

$$x^{-1}a^{-1} = a^{-1}x^{-1},$$

由推论 2.2.6 知, $G = G^{-1}$, 从而 x^{-1} 也是群 G 的任意一个元素. 所以 $a^{-1} \in C(G)$. 再由定理 2.2.3 可知, $C(G)$ 是 G 的一个子群.　　　　　　　　　　　□

下面的定理给出了一个群的两个子群的乘积仍然是一个子群的充要条件.

定理 2.2.11　设 H 和 K 是群 G 的两个子群, 则 $HK \leqslant G$ 的充要条件是

$$HK = KH.$$

证明 必要性. 设 $HK \leqslant G$, 由推论 2.2.6 可知,

$$H^{-1} = H, \quad K^{-1} = K, \quad (HK)^{-1} = HK,$$

于是 $(HK)^{-1} = K^{-1}H^{-1} = KH$.

充分性. 由推论 2.2.8 可知,

$$HH^{-1} = H, \quad KK^{-1} = K.$$

设 $HK = KH$, 则

$$(HK)(HK)^{-1} = (HK)(K^{-1}H^{-1}) = HKH^{-1} = KHH^{-1} = KH = HK.$$

再由推论 2.2.8 可知, $HK \leqslant G$. □

在这一节的最后, 我们讨论一个群的子群的交与并是否还能构成一个子群. 对于交的情况, 我们留作练习 (习题 2).

定理 2.2.12 设 G 是一个群, $H \leqslant G$ 且 $K \leqslant G$, 则

$$H \cup K \leqslant G \Longleftrightarrow H \subseteq K \text{ 或者 } K \subseteq H.$$

从而, 任何一个群都不可能是两个真子群的并.

证明 充分性是显然的, 下证必要性. 设 $H \cup K \leqslant G$, 如果 $H \subseteq K$, 那么

$$H \cup K = K \leqslant G.$$

如果 $H \nsubseteq K$, 那么存在 $h \in H$ 使 $h \notin K$. 由 $H \cup K \leqslant G$ 可知, 对任意 $k \in K$, 有

$$hk \in H \cup K.$$

从而必有 $hk \in H$ 或 $hk \in K$. 如果 $hk \in K$, 那么 $h = (hk)k^{-1} \in K$, 矛盾. 故有 $hk \in H$, 从而 $k = h^{-1}(hk) \in H$. 于是 $K \subseteq H$. □

习题 2.2

1. 证明: 集合

$$p\mathbb{Z}_{p^m} = \{\overline{0}, \overline{p}, \overline{2p}, \cdots, \overline{(p^{m-1}-1)p}\}$$

是模 p^m 剩余类加群 $\mathbb{Z}_{p^m}$ 的子群.

2. 证明: 群 G 的任意多个子群的交仍是 G 的子群.

3. 设 H 是群 G 的子群. 证明: 对群 G 中的任意元素 g, 集合 $gHg^{-1} = \{ghg^{-1} \mid h \in H\}$ 是 G 的子群.

4. 设 H 是群 G 的非空子集, 且 H 中每个元素的阶 (元素阶的概念见定义 2.3.1) 都有限. 证明: H 是 G 的子群的充要条件是 H 对 G 的运算封闭.

5. 设 H 是群 G 的非空有限子集. 证明: H 是 G 的子群的充要条件是 H 对 G 的运算封闭.

6. 设 H 是群 G 的子群, a 是群 G 中的任意一个元素, 且 $a^m \in H$, $a^n \in H$, 其中 m, n 是正整数. 证明: 如果 $\gcd(m, n) = 1$, 那么 $a \in H$.

2.3　循　环　群

循环群是由单个元素生成的群, 循环群是一类非常简单的群, 是能够对其作出精细刻画的少数几类群之一. 另一方面, 循环群也是一类非常重要的群, 许多数学分支, 如数论、有限域论与代数编码理论等都和循环群有着密切联系. 为此, 我们先引入群中元素的阶的概念.

定义 2.3.1　设 G 是一个群, e 是群 G 的单位元. 设 a 是群 G 中的任意一个元素, 若存在使 $a^n = e$ 的最小正整数 n, 则称 n 为元素 a 的**阶** (order), 记为 $|a| = n$; 若这样的 n 不存在, 则称 a 的阶为无限.

由定义可知, 群中单位元的阶是 1.

例 2.3.1　在整数加群 $\mathbb{Z}$ 中, 除零元 0 的阶是 1 外, 其余元素的阶都是无限.

例 2.3.2　在正有理数乘群 $\mathbb{Q}^+$ 中, 除单位元 1 的阶是 1 外, 其余元素的阶都是无限.

例 2.3.3　在模 8 剩余类加群 $\mathbb{Z}_8 = \{\bar{0}, \bar{1}, \bar{2}, \bar{3}, \bar{4}, \bar{5}, \bar{6}, \bar{7}\}$ 中,

$$1 \cdot \bar{2} = \bar{2}, \quad 2 \cdot \bar{2} = \bar{4}, \quad 3 \cdot \bar{2} = \bar{6}, \quad 4 \cdot \bar{2} = \bar{0}.$$

从而 $|\bar{2}| = 4$. 类似地, 可以计算

$$|\bar{0}| = 1, \quad |\bar{1}| = |\bar{3}| = |\bar{5}| = |\bar{7}| = 8, \quad |\bar{6}| = |\bar{2}| = 4, \quad |\bar{4}| = 2.$$

例 2.3.4　由例 2.1.8 可知, 模 8 单位乘群

$$U(8) = \{\bar{1}, \bar{3}, \bar{5}, \bar{7}\}$$

除单位元 $\bar{1}$ 之外的三个元素的阶都是 2.

例 2.3.5　在模 5 单位乘群 $U(5) = \mathbb{Z}_5^* = \{\bar{1}, \bar{2}, \bar{3}, \bar{4}\}$ 中, 单位元 $\bar{1}$ 的阶 $|\bar{1}| = 1$.

$$\bar{2}^2 = \bar{4}, \quad \bar{2}^3 = \bar{8} = \bar{3}, \quad \bar{2}^4 = \overline{16} = \bar{1}.$$

从而 $|\bar{2}| = 4$. 类似地, 可以计算

$$|\bar{3}| = 4, \quad |\bar{4}| = 2.$$

下面讨论有关群中元素的阶的一些基本性质.

定理 2.3.2 设 G 是一个群, e 是群 G 的单位元

(1) 如果 G 是有限群, 那么群 G 中的每个元素的阶都有限;

(2) 设 $|a| = n$, 则 $a^m = e$ 当且仅当 $n \mid m$, 其中 m 是任意整数;

(3) 设 $|a| = n$, 则 $|a^k| = \dfrac{n}{\gcd(k, n)}$, 其中 k 是任意整数;

(4) 设 $|a| = n$, $|b| = m$, 如果 $ab = ba$ 且 $\gcd(m, n) = 1$, 那么 $|ab| = |a| \cdot |b|$.

证明 (1) 设 G 是一个 n 阶有限群, 对任意 $a \in G$, 则

$$a, \quad a^2, \quad \cdots, \quad a^n, \quad a^{n+1}$$

中必定有相等的两个元素. 设 $a^s = a^t$ $(1 \leqslant s < t \leqslant n+1)$, 则 $a^{t-s} = e$, 从而 a 的阶有限.

(2) 必要性. 设 $a^m = e$, 并令 $m = nq + r$, $0 \leqslant r < n$. 从而

$$e = a^m = a^{nq+r} = (a^n)^q a^r = a^r.$$

但由于 $|a| = n$, 且 $0 \leqslant r < n$, 由元素阶的定义可知, $r = 0$, 因此, $n \mid m$.

充分性. 设 $n \mid m$, 则令 $m = nq$, 由于 $|a| = n$, 从而

$$a^m = a^{nq} = (a^n)^q = e,$$

因此 $a^m = e$.

(3) 设 $|a^k| = s$, $\gcd(k, n) = d$, 则令 $k = dk_1$, $n = dn_1$, 于是 $\gcd(k_1, n_1) = 1$. 由于 $|a| = n$, 从而有

$$(a^k)^{n_1} = a^{kn_1} = a^{nk_1} = (a^n)^{k_1} = e.$$

从而由 (2) 可知 $s \mid n_1$. 因为 $(a^k)^s = e$, 所以 $a^{ks} = e$, 由 (2) 可知, $n \mid ks$, 从而有

$$n_1 \mid k_1 s.$$

由 $\gcd(k_1, n_1) = 1$ 可知, $n_1 \mid s$. 因此 $|a^k| = s = n_1 = \dfrac{n}{\gcd(k, n)}$.

(4) 设 $|ab| = s$. 由于 $|a| = n$, $|b| = m$, $ab = ba$, 于是

$$(ab)^{mn} = (a^n)^m (b^m)^n = e,$$

从而由 (2) 可知 $s \mid mn$. 另一方面,

$$e = (ab)^{sn} = (a^n)^s b^{sn} = b^{sn},$$

由于 $|b| = m$, 从而由 (2) 可知 $m \mid sn$, 又因 $\gcd(m, n) = 1$, 故 $m \mid s$. 同理可证 $n \mid s$. 再由 $\gcd(m, n) = 1$ 可知 $mn \mid s$. 故

$$s = mn.$$

从而 $|ab| = s = mn = |a| \cdot |b|$. $\square$

由定理 2.3.2 可知, 有限群中元素的阶都有限, 但应该注意的是, 无限群中元素的阶可能无限, 也有可能有限. 例如, 在非零有理数乘群 $\mathbb{Q}^*$ 中, 1 的阶是 1, -1 的阶是 2, 其余元素的阶都是无限. 是否存在一个无限群, 其中每个元素的阶都是有限的呢?

例 2.3.6 设 U_i 是全体 i 次单位根关于普通乘法构成的有限群. 令 $U = \bigcup_{i=1}^{\infty} U_i$, 则 U 关于普通乘法构成一个无限群, 且这个群中每个元素的阶都有限.

证明 由于一个 m 次单位根与一个 n 次单位根的乘积一定是一个 mn 次单位根, 所以乘法是 U 上的一个代数运算. 结合律和交换律显然满足, 且 1 是单位元. 由于一个 m 次单位根的逆还是一个 m 次单位根, 故 U 关于普通乘法构成一个群, 而且是一个无限交换群. 对任意的正整数 i, U_i 中的每个元素的阶都有限, 因此群 U 中每个元素的阶也有限. $\square$

例 2.3.7 设 S 是一个集合 (可以有限, 也可以无限), 令 $P(S)$ 是集合 S 的幂集,

$$P(S) = \{A \mid A \subseteq S\}.$$

由例 2.1.9 可知, 集合 $P(S)$ 关于对称差集运算 "$\triangle$" 构成一个交换群. 单位元 $\varnothing$ 的阶是 1, 除单位元外的任意元素, 有

$$A \triangle A = \{x \mid x \in A \cup A, x \notin A \cap A\} = \varnothing,$$

从而 A 的阶为 2. 因此, 除单位元之外的每个元素的阶都是 2.

下面介绍交换群中元素的另一个重要的性质, 这为后面证明有限域中所有非零元素构成的集合是循环群提供了帮助.

定理 2.3.3 设 G 是一个交换群, 且 G 中所有元素有最大阶 m, 则 G 中每个元素的阶都是 m 的因数, 即群 G 中每个元素都满足方程 $x^m = e$.

证明 设 G 中元素 a 的阶是 m, b 是 G 中任意一个阶为 n 的元素. 如果 $n \nmid m$, 那么必存在素数 p 满足等式:

$$m = p^k m_1, \quad 其中 p \nmid m_1; \quad n = p^t n_1, \quad 其中 t > k.$$

由于 $|a| = m$, $|b| = n$, 从而由定理 2.3.2 的 (3) 可知,

$$|a^{p^k}| = m_1, \quad |b^{n_1}| = p^t.$$

由于 $\gcd(m_1, p^t) = 1$ 且 G 是一个交换群, 由定理 2.3.2 的 (4) 可知,

$$|a^{p^k} b^{n_1}| = |a^{p^k}| \cdot |b^{n_1}| = p^t m_1 > p^k m_1 = m.$$

2.3 循 环 群

这与 m 是 G 中所有元素的最大阶矛盾, 从而 $n|m$. 因此群 G 中每个元素都满足方程 $x^m = e$. □

设 M 是群 G 的一个非空子集. (M) 表示 G 中所有包含 M 的子群的交, 则 (M) 也是 G 中包含 M 的子群. 因此 (M) 是 G 中包含 M 的最小子群. 我们称 (M) 为群 G 中由子集 M 生成的子群, 并把 M 叫做这个子群的生成系. 一个群可能有多个生成系, 甚至有无限多个生成系. 子集 M 中的元素个数可以有限, 可以无限. 当 $M = \{a_1, a_2, \cdots, a_n\}$ 时, (M) 又可记为 $(a_1, a_2, \cdots, a_n)$. 特别地, 当 $M = \{a\}$ 时, 则 $M = (a)$.

定义 2.3.4 如果群 G 可以由一个元素 a 生成, 即 $G = (a)$, 那么称 G 是一个**循环群** (cyclic group), 并称 a 为 G 的一个**生成元** (generator).

注记 2.3.5 (1) 循环群必是交换群.

(2) n 阶群 G 是循环群 $\Leftrightarrow$ G 有 n 阶元素.

例 2.3.8 整数加群 $\mathbb{Z}$ 是循环群, 生成元是 1 或 -1.

例 2.3.9 n 次本原单位根是一个 n 次单位根, 但对任意的正整数 $m<n$, 它不是一个 m 次单位根. n 次单位根群 U_n 是一个 n 阶循环群, 其中 n 次本原单位根是其生成元.

例 2.3.10 模 n 剩余类加群

$$\mathbb{Z}_n = \{\overline{0}, \overline{1}, \cdots, \overline{n-1}\} = \{0 \cdot \overline{1}, 1 \cdot \overline{1}, \cdots, (n-1) \cdot \overline{1}\} = (\overline{1})$$

是一个 n 阶循环群.

定理 2.3.6 (1) 如果 $G = (a)$ 为无限循环群, 那么 $G = \{\cdots, a^{-3}, a^{-2}, a^{-1}, e, a, a^2, a^3, \cdots\}$ 与整数加群 $\mathbb{Z}$ 同构, 且对任意的整数 k, l, $a^k = a^l \iff k = l$.

(2) 如果 $G = (a)$ 为 n 阶循环群, 那么 $G = \{e, a, a^2, \cdots, a^{n-1}\}$ 与 n 次单位根群 U_n 同构, 且对任意的整数 k, l, $a^k = a^l \iff n|(k-l)$.

证明 (1) 设 $G = (a)$ 为无限循环群, 令

$$\phi: \quad \mathbb{Z} \longrightarrow G;$$
$$k \longmapsto a^k, \forall k \in \mathbb{Z}.$$

(i) 如果 $k = l$, 那么 $\phi(k) = a^k = a^l = \phi(l)$, 从而 ϕ 是一个映射.

(ii) 如果 $a^k = a^l$, 那么 $a^{k-l} = e$, 由于 $|a| = \infty$, 所以 $k = l$, 从而 ϕ 是单射.

(iii) 对任意 $a^k \in G$, 有 $k \in \mathbb{Z}$ 使 $\phi(k) = a^k$, 从而 ϕ 是满射.

(iv) 对任意 $k, l \in \mathbb{Z}$, 有

$$\phi(k + l) = a^{k+l} = a^k \cdot a^l = \phi(k)\phi(l),$$

从而 ϕ 是 $\mathbb{Z}$ 到 G 的同态映射. 因此, ϕ 是 $\mathbb{Z}$ 到 G 的同构映射.

(2) 设 $G = (a)$ 为 n 阶循环群和 $U_n = \{1, \xi, \xi^2, \cdots, \xi^{n-1}\}$ 是 n 次单位根群. 令

$$\psi: \quad G \longrightarrow U_n;$$
$$a^k \longmapsto \xi^k, \; \forall \, 0 \leqslant k \leqslant n - 1.$$

类似于 (1), 容易证明 ψ 是 G 到 U_n 的同构映射. □

注记 2.3.7　根据定理 2.3.6 可知, n 阶循环群也同构于模 n 剩余类加群 $\mathbb{Z}_n$. 在同构意义下, 循环群只有两种, 即整数加群 $\mathbb{Z}$ 和 n 次单位根群 U_n.

定理 2.3.8　(1) 无限循环群 $G = (a)$ 有且仅有两个生成元, 即 a 与 a^{-1};

(2) n 阶循环群 $G = (a)$ 有且仅有 $\phi(n)$ 个生成元, 其中 $\phi(n)$ 为欧拉函数.

证明　(1) 当 $|G| = |(a)| = |a| = \infty$ 时, 设 a^k 是 G 的生成元, 由于 $a \in G$, 从而存在整数 n 使得

$$(a^k)^n = a^{kn} = a.$$

又因 $|a| = \infty$, 所以 $kn - 1 = 0$, 于是 $k = \pm 1$. 因此 G 只有两个生成元, 即 a 与 a^{-1}.

(2) 当 $|G| = |(a)| = |a| = n$ 时, 则 a^k 是 G 的生成元当且仅当 $|a^k| = n$, 由定理 2.3.2 的 (3) 可知, 当且仅当 $\gcd(n, k) = 1$, 由欧拉函数的定义可知 $G = (a)$ 有 $\phi(n)$ 个生成元. □

例 2.3.11　设 $G = (a)$ 是一个 15 阶循环群, 根据上述定理, 也可以假设其是 15 次单位根群 U_{15} 或模 15 剩余类加群 $\mathbb{Z}_{15}$. 求 G 的所有生成元.

解　因为 a 是循环群 G 的生成元, 所以 a^i 是循环群 G 的生成元的充要条件是 $|a^i| = 15$, 根据定理 2.3.2 的 (3) 可知,

$$|a^i| = 15 \Longleftrightarrow \gcd(i, n) = 1.$$

由此可知, G 的所有生成元为

$$a, \quad a^2, \quad a^4, \quad a^7, \quad a^8, \quad a^{11}, \quad a^{13}, \quad a^{14}.$$

因此, 15 阶循环群 G 共有 8 个生成元.

在群论中, 刻画一个群的子群的性质是一个重要且有意义的问题, 下面我们来讨论循环群的子群的一些重要性质.

定理 2.3.9　循环群的子群仍为循环群.

证明　设 H 是循环群 $G = (a)$ 的任意一个子群, 如果 $H = \{e\}$, 那么 H 是循环群. 如果 $H \neq \{e\}$, 那么 H 中必有 $a^k \in H$, 其中 $k \neq 0$, 从而 $a^{-k} \in H$. 故可设 a^k 是 H 中 a 的最小正整数方幂, 于是 $(a^k) \subseteq H$.

另一方面, 任取 $a^m \in H$, 可令 $m = rk+s$, 其中 $0 \leqslant s < k$. 由 $a^k, a^m \in H$ 可知

$$a^s = a^{m-rk} = a^m (a^k)^{-r} \in H,$$

因 a^k 是 H 中 a 的最小正整数方幂, 所以 $s = 0$. 从而

$$a^m = a^{kr} \in (a^k),$$

于是 $H \subseteq (a^k)$. 因此 $H = (a^k)$ 是循环群. □

下面我们将讨论一个循环群有多少个子群的问题.

定理 2.3.10 设 $G = (a)$ 是一个循环群. 证明

(1) 当 $|G| = \infty$ 时, G 有无限多个子群;

(2) 当 $|G| = n$ 时, 对 n 的每一个正因数 k, G 有且仅有一个 k 阶子群 $(a^{n/k})$.

证明 (1) 当 $|G| = \infty$ 时, 那么 $(e), (a), (a^2), \cdots$ 是无穷多个两两互不相同的子群.

(2) 当 $|G| = n$ 时, 设 k 是 n 的一个正因数且 $n = rk$, 由定理 2.3.2 的 (3) 可知, $|a^r| = k$, 从而 (a^r) 是 G 的一个 k 阶子群.

设 H 是一个 k 阶子群, 由定理 2.3.9 可知, $H = (a^m)$ 且 $|a^m| = k$, 由定理 2.3.2 的 (3) 得

$$|a^m| = \frac{n}{\gcd(m,n)},$$

于是 $k = \dfrac{n}{\gcd(m,n)}$, 从而 $n = k\gcd(m,n)$. 结合 $n = rk$ 可知,

$$r = \gcd(m,n),$$

故 $r \mid m$. 从而 $(a^m) \subseteq (a^r)$. 又因为 $|(a^m)| = |(a^r)| = k$, 所以

$$H = (a^m) = (a^r) = (a^{\frac{n}{k}}).$$

因此 G 有且仅有一个 k 阶子群. □

习题 2.3

1. 求模 12 剩余类加群 $\mathbb{Z}_{12}$ 的每个元素的阶.
2. 求模 15 单位乘群 $U(15)$ 以及群中每个元素的阶.
3. 设 G 是一个群, 证明: a 与 a^{-1} 有相同的阶; ab 与 ba 有相同的阶.
4. 证明: 群 G 没有非平凡子群的充要条件是 $G = \{e\}$ 或 G 是素数阶循环群.

5. 求 12 阶循环群 $G = (a)$ 的所有生成元与子群.

6. 设 $G = (a)$ 是 n 阶循环群, 证明: $(a^s) = (a^t) \Leftrightarrow \gcd(s, n) = \gcd(t, n)$.

7. 设 n 是一个大于 1 的整数, 且 $n = p_1^{k_1} p_2^{k_2} \cdots p_t^{k_t}$, 其中 $p_1, p_2, \cdots, p_t$ 是互不相同的素数, 证明: n 阶循环群有且仅有 $(k_1 + 1)(k_2 + 1) \cdots (k_t + 1)$ 个子群.

2.4 置 换 群

置换群也是群论中很重要的一类群, 事实上, 群论的起源就是从研究置换开始的. 利用这种群, 伽罗瓦成功地解决了代数方程是否可用根式求解的问题. 另外, 置换群还是一类重要的非交换群.

定义 2.4.1 由集合 M 的全体双射变换构成的群称为 M 上的**对称群** (symmetric group), 记为 $S(M)$. 当 $|M| = n$ 时, M 上的对称群用 S_n 表示, 并称为 n 元对称群. n 元对称群 S_n 的任意一个子群, 都叫做一个 n 元置换群, 简称**置换群** (permutation group).

容易看出 n 元对称群 S_n 的阶为 $n!$. 由于有限集合 M 的元素与我们所研究的问题无关, 所以为了方便, 不妨假设 $M = \{1, 2, \cdots, n\}$.

定义 2.4.2 一个置换 σ 如果把 i_1 变成 i_2, i_2 变成 i_3, $\cdots$, i_{k-1} 变成 i_k, 又把 i_k 变成 i_1, 并且 σ 保持剩余元素都不变, 那么称 σ 是一个 k-轮换置换, 简称为 **k-轮换** (cyclic), 并表示成

$$\sigma = (i_1 i_2 \cdots i_k) = (i_2 i_3 \cdots i_k i_1) = \cdots = (i_k i_1 \cdots i_{k-1}).$$

例如,

$$\begin{pmatrix} 1 & 2 & 3 \\ 3 & 1 & 2 \end{pmatrix} = (132) = (321) = (213),$$

$$\begin{pmatrix} 1 & 2 & 3 \\ 3 & 2 & 1 \end{pmatrix} = (13) = (31),$$

等等.

特别地, 1-轮换就是恒等置换, 记为 $(1) = (2) = \cdots = (n)$; 2-轮换简称为**对换** (transposition).

假设 $\sigma = (i_1 i_2 \cdots i_k)$ 和 $\tau = (j_1 j_2 \cdots j_l)$ 是两个轮换, 如果

$$i_r \neq j_s, \quad 1 \leqslant r \leqslant k, \quad 1 \leqslant s \leqslant l,$$

那么称 σ 和 τ 是两个不相交轮换.

两个置换 σ, τ 的乘积 $\sigma \cdot \tau$ 是按通常映射合成的法则进行的, 即

$$(\sigma \cdot \tau)(i) = \sigma(\tau(i)), \quad i = 1, 2, \cdots, n,$$

它是先用 τ 作用于 i, 再用 σ 作用于 $\tau(i)$. 例如,

$$\sigma\tau = \begin{pmatrix} 1 & 2 & 3 \\ 3 & 1 & 2 \end{pmatrix} \begin{pmatrix} 1 & 2 & 3 \\ 3 & 2 & 1 \end{pmatrix} = \begin{pmatrix} 1 & 2 & 3 \\ 2 & 1 & 3 \end{pmatrix}.$$

定理 2.4.3 不相交轮换相乘时可以交换.

证明 设 $\sigma = (i_1 i_2 \cdots i_k)$ 与 $\tau = (j_1 j_2 \cdots j_l)$ 为两个不相交轮换, 则由变换乘法知, $\tau\sigma$ 与 $\sigma\tau$ 都是集合 $\{1, 2, \cdots, n\}$ 的以下变换:

$$i_1 \longrightarrow i_2, \quad i_2 \longrightarrow i_3, \quad \cdots, \quad i_{k-1} \longrightarrow i_k, \quad i_k \longrightarrow i_1,$$
$$j_1 \longrightarrow j_2, \quad j_2 \longrightarrow j_3, \quad \cdots, \quad j_{l-1} \longrightarrow j_l, \quad j_l \longrightarrow j_1,$$

其他元素都保持不动. 因此, $\tau\sigma = \sigma\tau$. □

定理 2.4.4 (1) 每一个置换都可表示为不相交轮换之积;

(2) 每个轮换都可表示为对换之积, 因此, 每个置换都可表示为对换之积.

证明 (1) 对任意置换 σ 与任意元素 i_1, 在置换 σ 下, i_1 变成 i_2, i_2 变成 $i_3, \cdots$, 终会有某 i_{k-1} 变成 i_k 且 i_k 变成 i_1; 再任取 $j_1 \notin \{i_1, i_2, \cdots, i_k\}$, 在置换 σ 下, j_1 变成 j_2, j_2 变成 $j_3, \cdots$, 终会有某 j_{l-1} 变成 j_l 且 j_l 变成 j_1, 显然有

$$i_r \neq j_s, \quad 1 \leqslant r \leqslant k, \quad 1 \leqslant s \leqslant l,$$

否则 $j_1 \in \{i_1, i_2, \cdots, i_k\}$. 因此, σ 总可以写成

$$\sigma = \begin{pmatrix} i_1 i_2 \cdots i_k & \cdots & j_1 j_2 \cdots j_l & a \cdots b \\ i_2 i_3 \cdots i_1 & \cdots & j_2 j_3 \cdots j_1 & a \cdots b \end{pmatrix} = (i_1 i_2 \cdots i_k) \cdots (j_1 j_2 \cdots j_l).$$

即置换 σ 表示成了不相交轮换的乘积.

(2) 对任意的置换 $\sigma = (i_1 i_2 \cdots i_k)$, 容易验证

$$(i_1 i_2 \cdots i_k) = (i_1 i_k)(i_1 i_{k-1}) \cdots (i_1 i_3)(i_1 i_2).$$

从而每个轮换都可表示为对换之积, 因此, 每个置换都可表示为对换之积. □

例 2.4.1 S_3 的 6 个置换用轮换表示出来就是

$$S_3 = \{(1), (12), (13), (23), (123), (132)\}.$$

值得注意的是, $(123) = (13)(12) = (13)(12)(23)(23)$, 也就是说, 同一个置换表示成对换的乘积时, 表示法不是唯一的, 但是分解之后对换个数的奇偶性是相同的.

定理 2.4.5　每个置换表示成对换的乘积时, 其对换个数的奇偶性不变.

证明　设置换 σ 可表示为 m 个对换 $\sigma_1, \sigma_2, \cdots, \sigma_m$ 之积:

$$\sigma = \sigma_1 \sigma_2 \cdots \sigma_m,$$

则因为 σ 将排列 $12\cdots n$ 变成排列

$$\sigma(1)\sigma(2)\cdots\sigma(n),$$

又由于 $\sigma = \sigma_1 \sigma_2 \cdots \sigma_m$, 故连续将对换 $\sigma_m, \cdots, \sigma_2, \sigma_1$ 作用于 $12\cdots n$, 也得排列 $\sigma(1)\sigma(2)\cdots\sigma(n)$. 由于每作用一次对换都改变排列的奇偶性, 且 $12\cdots n$ 是偶排列, 所以 m 与排列 $\sigma(1)\sigma(2)\cdots\sigma(n)$ 的奇偶性一致. 也就是说, 不论 σ 表示成多少个对换之积, 其对换个数的奇偶性与排列 $\sigma(1)\sigma(2)\cdots\sigma(n)$ 的奇偶性是一致的. 又由于排列 $\sigma(1)\sigma(2)\cdots\sigma(n)$ 的奇偶性是完全确定的, 因此对换个数 m 的奇偶性不变. □

根据上述定理, 我们可以将置换分为奇置换与偶置换.

定义 2.4.6　一个置换若分解成奇数个对换的乘积, 则称为奇置换; 否则称为偶置换.

注记 2.4.7　恒等置换是偶置换. 由定理 2.4.5 知, σ 是奇 (偶) 置换当且仅当 $\sigma(1)\sigma(2)\cdots\sigma(n)$ 是奇 (偶) 排列.

由于任何奇置换乘上一个对换后变为偶置换, 而偶置换乘上一个对换后变为奇置换, 故 $n!$ 个 n 元置换中奇偶置换各占一半, 均为 $\frac{n!}{2}$ 个 $(n > 1)$.

由于恒等置换是偶置换, 又任两偶置换之积仍为偶置换, 因此, S_n 中全体偶置换作成一个 $\frac{n!}{2}$ 阶的子群, 记为 A_n, 称为 n 元**交错群** (alternative group).

事实上, 任何置换群中奇偶置换都各占一半, 且任何置换群中的全体偶置换作成一个子群.

例 2.4.2　证明: $K_4 = \{(1),(12)(34),(13)(24),(14)(23)\}$ 作成 4 元交错群 A_4 的一个交换子群. 这个群称为克莱因 (Klein) 四元群.

证明　K_4 中的置换都是偶置换, 除恒等置换外的其余三个置换的阶都是 2, 又

$$(12)(34)(13)(24) = (14)(23) = (13)(24)(12)(34),$$
$$(13)(24)(14)(23) = (12)(34) = (14)(23)(13)(24),$$
$$(14)(23)(12)(34) = (13)(24) = (12)(34)(14)(23),$$

故 K_4 对置换的乘法封闭. 由推论 2.2.7 可知, K_4 是 A_4 的一个子群. 并且 K_4 是可交换的. □

定理 2.4.8 k-轮换的阶为 k; 不相交轮换乘积的阶为各轮换的阶的最小公倍数.

证明 由直接验算知, 当 $1 \leqslant m < k$ 时有

$$(i_1 i_2 \cdots i_k)^m = (i_1 i_{m+1} \cdots) \neq (1),$$

而 $(i_1 i_2 \cdots i_k)^k = (1)$, 故 $(i_1 i_2 \cdots i_k)$ 的阶是 k.

其次, 设 $\sigma_1, \sigma_2, \cdots, \sigma_s$ 分别是阶为 $k_1, k_2, \cdots, k_s$ 的不相交轮换, 且

$$t = \mathrm{lcm}(k_1, k_2, \cdots, k_s),$$

则由于 $k_i \mid t$, 故 $\sigma_i^t = (1)$. 又因不相交轮换相乘时可以交换, 故

$$(\sigma_1 \sigma_2 \cdots \sigma_s)^t = \sigma_1^t \sigma_2^t \cdots \sigma_s^t = (1).$$

另一方面, 若 $(\sigma_1 \sigma_2 \cdots \sigma_s)^r = (1)$, 则同样有

$$\sigma_1^r \sigma_2^r \cdots \sigma_s^r = (\sigma_1 \sigma_2 \cdots \sigma_s)^r = (1),$$

这只有 $\sigma_i^r = (1)$, $i = 1, 2, \cdots, s$. 否则由于 $\sigma_1^r, \sigma_2^r, \cdots, \sigma_s^r$ 仍是不相交轮换, 而不相交轮换的乘积不能是 (1). 由 σ_i 的阶是 k_i 可知

$$k_i \mid r, \quad 1 \leqslant i \leqslant s.$$

从而 $t \mid r$, 即 $\sigma_1 \sigma_2 \cdots \sigma_s$ 的阶是 $t = \mathrm{lcm}(k_1, k_2, \cdots, k_s)$. $\square$

定理 2.4.9 设有 n 元置换 $\tau = \begin{pmatrix} 1 & 2 & \cdots & n \\ i_1 & i_2 & \cdots & i_n \end{pmatrix}$, 则对任意 n 元置换 σ, 有

$$\sigma \tau \sigma^{-1} = \begin{pmatrix} \sigma(1) & \sigma(2) & \cdots & \sigma(n) \\ \sigma(i_1) & \sigma(i_2) & \cdots & \sigma(i_n) \end{pmatrix}.$$

证明 由于

$$\sigma = \begin{pmatrix} 1 & 2 & \cdots & n \\ \sigma(1) & \sigma(2) & \cdots & \sigma(n) \end{pmatrix},$$

所以

$$\sigma \tau = \begin{pmatrix} 1 & 2 & \cdots & n \\ \sigma(1) & \sigma(2) & \cdots & \sigma(n) \end{pmatrix} \begin{pmatrix} 1 & 2 & \cdots & n \\ i_1 & i_2 & \cdots & i_n \end{pmatrix} = \begin{pmatrix} 1 & 2 & \cdots & n \\ \sigma(i_1) & \sigma(i_2) & \cdots & \sigma(i_n) \end{pmatrix}.$$

又因为

$$\begin{pmatrix} \sigma(1) & \sigma(2) & \cdots & \sigma(n) \\ \sigma(i_1) & \sigma(i_2) & \cdots & \sigma(i_n) \end{pmatrix} \sigma = \begin{pmatrix} 1 & 2 & \cdots & n \\ \sigma(i_1) & \sigma(i_2) & \cdots & \sigma(i_n) \end{pmatrix} = \sigma\tau.$$

因此

$$\sigma\tau\sigma^{-1} = \begin{pmatrix} \sigma(1) & \sigma(2) & \cdots & \sigma(n) \\ \sigma(i_1) & \sigma(i_2) & \cdots & \sigma(i_n) \end{pmatrix}. \qquad \square$$

例 2.4.3 设 $\sigma = (14)(235), \tau = (153)(24)$，则

$$\sigma\tau\sigma^{-1} = (\sigma(1)\sigma(5)\sigma(3))(\sigma(2)\sigma(4)) = (425)(31).$$

习题 2.4

1. 把置换 $\sigma = (456)(567)(671)(123)(234)(345)$ 写成不相交的轮换之积.

2. 证明：

(1) 置换 $(i_1 i_2 \cdots i_k)$ 的奇偶性与 k 的奇偶性相反；

(2) $(i_1 i_2 \cdots i_k)^{-1} = (i_k i_{k-1} \cdots i_2 i_1)$.

3. 确定 n 元置换

$$\sigma = \begin{pmatrix} 1 & 2 & \cdots & n-1 & n \\ n & n-1 & \cdots & 2 & 1 \end{pmatrix}$$

的奇偶性.

4. 求下列各置换的阶：

(1) $\sigma_1 = (134)(1472)$;　　　　(2) $\sigma_2 = (13572)(5836)$;

(3) $\sigma_3 = \begin{pmatrix} 1 & 2 & 3 & 4 & 5 & 6 \\ 6 & 4 & 1 & 5 & 2 & 3 \end{pmatrix}$;　(4) $\sigma_4 = \begin{pmatrix} 1 & 2 & 3 & 4 & 5 & 6 & 7 \\ 3 & 4 & 5 & 7 & 6 & 2 & 1 \end{pmatrix}$.

5. 设 $\sigma = (327)(26)(14), \tau = (134)(57)$. 求：$\sigma\tau\sigma^{-1}$ 及 $\sigma^{-1}\tau\sigma$.

2.5 陪集与拉格朗日定理

　　子群的陪集是对群进行划分的有力工具. 本节给出了子群陪集的概念以及与此相关的性质, 然后利用这些性质证明了具有重要应用的拉格朗日定理和数论中的费马小定理.

定义 2.5.1 设 H 是群 G 的一个子群, 对任意 $a \in G$, 称群 G 的子集

$$aH = \{ax \mid x \in H\}, \quad Ha = \{xa \mid x \in H\}$$

分别为群 G 关于子群 H 的一个**左陪集** (left coset) 和一个**右陪集** (right coset).

例 2.5.1 在三元对称群 S_3 中, $H = \{(1),(12)\}$ 是 S_3 的一个子群, 子集

$$(13)H = \{(13),(123)\} \ \text{与} \ (23)H = \{(23),(132)\}$$

是 H 的两个左陪集; 子集

$$H(13) = \{(13),(132)\} \ \text{与} \ H(23) = \{(23),(123)\}$$

是 H 的两个右陪集.

从这里可以看出, 左陪集 aH 与右陪集 Ha 一般并不相等, 当 G 是交换群时显然是相等的. 我们下面只讨论左陪集, 对右陪集可做类似的讨论.

定理 2.5.2 设 H 是群 G 的一个子群, 对 $a, b \in G$, 左陪集 aH 具有如下性质.

(1) $a \in aH$.

(2) $a \in H \Longleftrightarrow aH = H$.

(3) $b \in aH \Longleftrightarrow aH = bH$.

(4) $aH = bH$, 即 a 与 b 同在一个左陪集中 $\Longleftrightarrow a^{-1}b \in H$ (或 $b^{-1}a \in H$).

(5) 若 $aH \cap bH \neq \varnothing$, 则 $aH = bH$. 也就是说, 对任两左陪集来说, 它们要么相等, 要么无公共元素.

证明 (1) 因为 H 是子群, 所以 $e \in H$, 故 $a = ae \in aH$.

(2) 必要性. 设 $a \in H$. 由 H 是子群可知,

$$aH \subseteq H;$$

另一方面, 任取 $x \in H$. 由于 $a \in H$, 故 $a^{-1}x \in H$, 于是

$$x = a(a^{-1}x) \in aH.$$

从而 $H \subseteq aH$. 因此 $aH = H$.

充分性. 设 $aH = H$. 则由 (1) 可知, $a \in aH$, 故 $a \in H$.

(3) 必要性. 设 $b \in aH$. 令 $b = ax \ (x \in H)$, 则由 (2) 可知,

$$bH = axH = aH.$$

充分性. 设 $aH = bH$, 则因 $b \in bH$, 故 $b \in aH$.

(4) 必要性. 设 $aH = bH$, 则 $a^{-1}aH = a^{-1}bH$, 从而

$$H = a^{-1}bH.$$

于是由 (2) 可知, $a^{-1}b \in H$.

充分性. 若 $a^{-1}b \in H$, 则 $b \in aH$, 于是由 (3) 可知 $aH = bH$.

(5) 若 $c \in aH \cap bH$, 则 $c \in aH$, $c \in bH$. 于是由 (3) 可知, $aH = cH = bH$. □

注记 2.5.3　根据定理 2.5.2 的 (1), 群 G 中每个元素必属于一个左陪集; 根据 (5), 群 G 中每个元素不能属于不同的左陪集. 因此, G 的全体不同的左陪集构成群 G 的元素的一个划分, 而且两个元素 a 与 b 在同一个左陪集当且仅当 $a^{-1}b \in H$. 另外, 根据 (1) 和 (5) 可知, 除子群 H 之外的 G 的任何其他左陪集都没有单位元, 因而都不是群 G 的子群.

如果用 $aH, bH, cH, \cdots$ 表示子群 H 在群 G 中的所有不同的左陪集, 那么有等式

$$G = aH \cup bH \cup cH \cup \cdots,$$

称其为群 G 关于子群 H 的左陪集分解, 而称 $\{a, b, c, \cdots\}$ 为 G 关于 H 的一个左陪集代表系.

类似地, 可讨论群 G 的右陪集和右陪集分解. 但应注意, 性质 (4) 对于右陪集应改为

(4′) $Ha = Hb \Longleftrightarrow ab^{-1} \in H$ 或 $ba^{-1} \in H$.

定理 2.5.4　设 H 是群 G 的一个子群, 又令

$$L = \{aH \mid a \in G\}, \quad R = \{Ha \mid a \in G\}.$$

则在 L 与 R 之间存在一个双射, 从而左、右陪集的个数或者都无限或者都有限且个数相等.

证明　令

$$\varphi : L \longrightarrow R;$$
$$aH \longmapsto Ha^{-1}.$$

如果 $aH = bH$, 那么 $a^{-1}b \in H$, 即

$$a^{-1}(b^{-1})^{-1} \in H,$$

从而由 (4′) 知, $Ha^{-1} = Hb^{-1}$. 所以 φ 是 L 到 R 的一个映射.

若 $Ha = Hb$, 可同样推出 $a^{-1}H = b^{-1}H$. 所以 φ 是 L 到 R 的一个单射.

对任意 $Ha \in R$, 有 $\varphi(a^{-1}H) = Ha$, 所以 φ 是 L 到 R 的一个满射.

因此, φ 是 L 到 R 的一个双射.　　　　　　　　□

注记 2.5.5 根据定理 2.5.4 的证明可知, 由群 G 的左陪集分解

$$G = aH \cup bH \cup cH \cup \cdots,$$

可立即得到群 G 的一个相应的右陪集分解:

$$G = Ha^{-1} \cup Hb^{-1} \cup Hc^{-1} \cup \cdots.$$

这就是说, 当 $\{a, b, c, \cdots\}$ 是 G 关于子群 H 的一个左陪集代表系时, $\{a^{-1}, b^{-1}, c^{-1}, \cdots\}$ 必然是 G 关于子群 H 的一个右陪集代表系. 由定理 2.5.4 还可知, 子群 H 的左陪集和右陪集的个数或者都无限, 或者都有限且个数相等. 由此得到下面的定义.

定义 2.5.6 群 G 中关于子群 H 的不同左 (或右) 陪集的个数, 叫做子群 H 在群 G 中的指数, 记为 $(G : H)$.

定理 2.5.7 (拉格朗日定理) 设 H 是有限群 G 的一个子群, 则

$$|G| = |H|(G : H), \ \text{即} \ (G : H) = \frac{|G|}{|H|}.$$

从而任何子群的阶和指数都是群 G 的阶的因数.

证明 令 $(G : H) = s$, 且

$$G = a_1 H \cup a_2 H \cup \cdots \cup a_s H$$

是 G 关于 H 的左陪集分解. 容易验证下列映射

$$\varphi : \quad a_i h \longrightarrow a_j h \quad (\forall \, h \in H)$$

是左陪集 $a_i H$ 到 $a_j H$ 的一个双射, 从而 $|a_i H| = |a_j H|$. 于是有

$$|a_1 H| = \cdots = |a_s H| = |H|.$$

从而有 $|G| = |H| \cdot s$, 即 $|G| = |H|(G : H)$.　　　　□

推论 2.5.8 有限群中每个元素的阶都整除群的阶, 从而素数阶群必为循环群.

证明 设 a 是有限群 G 的一个 n 阶元素, 则 $H = \{e, a, \cdots, a^{n-1}\}$ 是 G 的一个 n 阶子群, 故由定理 2.5.7 知, $n \, | \, |G|$. 由此可知, 当群 G 的阶是素数时, 除单位元外的任意一个元素的阶都等于群 G 的阶, 从而群 G 是循环群.　　　　□

利用拉格朗日定理, 我们给出费马小定理的另一种证明.

定理 2.5.9 (费马小定理) 设 p 是素数且 a 是任意整数. 如果 a 不是 p 的倍数, 那么 $a^{p-1} \equiv 1 \pmod{p}$.

证明 由例 2.1.7 可知, 模 p 单位乘群

$$U(p) = \mathbb{Z}_p^* = \{\bar{1}, \bar{2}, \cdots, \overline{p-1}\}$$

关于剩余类乘法构成一个群. 由拉格朗日定理可知, 对任意的 $\bar{i} \in \mathbb{Z}_p^*$ 有

$$\bar{i}^{p-1} = \bar{1}.$$

从而, 对任意一个不被 p 整除的整数 a, 有 $a^{p-1} \equiv \bar{a}^{p-1} \equiv \bar{1} \equiv 1 \pmod{p}$. □

定理 2.5.10 设 G 是一个有限群, 又 $K \leqslant H \leqslant G$, 则 $(G:H)(H:K) = (G:K)$.

证明 由拉格朗日定理知

$$|G| = |H|(G:H) = |K|(G:K), \quad |H| = |K|(H:K),$$

由此可得 $(G:H)(H:K) = (G:K)$. □

作为陪集分解的应用, 我们来证明以下定理.

定理 2.5.11 设 H, K 是群 G 的两个有限子群, 则

$$|HK| = \frac{|H| \cdot |K|}{|H \cap K|}.$$

证明 由于 $H \cap K \leqslant H$, 所以可设 $\dfrac{|H|}{|H \cap K|} = m$, 且

$$H = h_1(H \cap K) \cup h_2(H \cap K) \cup \cdots \cup h_m(H \cap K), \quad h_i \in H, \quad h_i^{-1}h_j \notin K, \quad i \neq j.$$

对任意 $hk \in HK$, 存在 i 使 $h = h_i k_i \in h_i(H \cap K)$. 于是

$$hk = h_i k_i k = h_i(k_i k) \in h_i K,$$

从而有

$$HK = h_1 K \cup h_2 K \cup \cdots \cup h_m K.$$

由于

$$h_i^{-1} h_j \notin K, \quad i \neq j,$$

所以

$$h_i K \cap h_j K = \varnothing, \quad i \neq j,$$

故 $|HK| = m|K|$, 即 $|HK| = \dfrac{|H| \cdot |K|}{|H \cap K|}$. □

由此定理可知, 当且仅当子群 H 与 K 的交只含单位元时才有

$$|HK| = |H| \cdot |K|.$$

推论 2.5.12 设 p, q 是两个素数且 $p < q$, 则 pq 阶群 G 最多有一个 q 阶子群.

证明 设 H, K 都是 G 的 q 阶子群, 则由定理 2.5.11 知,

$$|HK| = \frac{q^2}{|H \cap K|},$$

但 $|H \cap K|$ 整除 q, 而 q 是素数, 故 $|H \cap K| = 1$ 或 q.

若 $|H \cap K| = 1$, 则由 $q > p$ 知,

$$|HK| = q^2 > pq = |G|,$$

这显然是矛盾的. 故 $|H \cap K| = q$, 从而 $H = K$. □

定理 2.5.13 设 H, K 是群 G 的两个有限子群, 则

(1) $(H : H \cap K) \leqslant (G : K)$;

(2) 若 $(G : K)$ 有限, 则 $(H : H \cap K) = (G : K) \Longleftrightarrow G = HK$.

证明 (1) 令

$$A = \{h(H \cap K) \mid h \in H\}, \quad B = \{xK \mid x \in G\}.$$

定义

$$\varphi : A \longrightarrow B;$$
$$h(H \cap K) \longmapsto hK.$$

如果 $h_1(H \cap K) = h_2(H \cap K)$, 那么 $h_1^{-1}h_2 \in H \cap K$, 于是也有 $h_1^{-1}h_2 \in H$, 故

$$h_1 K = h_2 K,$$

即集合 A 中的每个元素在 φ 之下在集合 B 中只有一个像. 所以 φ 是集合 A 到集合 B 的一个映射.

如果 $h_1 K = h_2 K$, 其中 $h_1, h_2 \in H$, 那么

$$h_1^{-1}h_2 \in K.$$

由 $H \leqslant G$ 可知, $h_1^{-1}h_2 \in H$. 从而

$$h_1^{-1}h_2 \in H \cap K,$$

即 $h_1(H \cap K) = h_2(H \cap K)$. 所以 φ 是集合 A 到集合 B 的一个单射. 从而 $|A| \leqslant |B|$, 即 $(H : H \cap K) \leqslant (G : K)$.

(2) 必要性. 设 $(H : H \cap K) = (G : K)$, 则由 (1) 可知, φ 是双射. 故对任意 $x \in G$, 存在 $h \in H$ 使

$$\varphi(h(H \cap K)) = hK = xK,$$

所以 $x \in xK = hK \subseteq HK$. 从而 $G \subseteq HK$. 又显然有 $HK \subseteq G$, 因此, $G = HK$.

充分性. 若 $G = HK$, 任取左陪集 $xK(x \in G)$, 令

$$x = hk \in G = HK \quad (h \in H, k \in K),$$

则

$$\varphi(h(H \cap K)) = hK = hkK = xK,$$

从而在 φ 之下, 元素 xK 在集合 A 中有逆像 $h(H \cap K)$, 即 φ 是集合 A 到集合 B 的一个满射. 故 φ 是集合 A 到集合 B 的一个双射, 从而 $(H : H \cap K) = (G : K)$. □

推论 2.5.14 设 H, K 是群 G 的两个有限子群, 当 $(G : H), (G : K)$ 均有限时, $(G : H \cap K)$ 也有限, 且

(1) $(G : H \cap K) \leqslant (G : H)(G : K)$;

(2) $(G : H \cap K) = (G : H)(G : K) \Longleftrightarrow G = HK$.

证明 (1) 由于 $H \leqslant G, K \leqslant G$, 所以 $H \cap K \leqslant H \leqslant G$, 故

$$(G : H \cap K) = (G : H)(H : H \cap K).$$

由定理 2.5.13 可知,

$$(H : H \cap K) \leqslant (G : K).$$

结合 $(G : H), (G : K)$ 有限可得

$$(G : H \cap K) \leqslant (G : H)(G : K).$$

(2) 由 (1) 可知, $(G : H \cap K) = (G : H)(G : K)$ 当且仅当 $(H : H \cap K) = (G : K)$, 再由定理 2.5.13 可知, $(H : H \cap K) = (G : K)$ 当且仅当 $G = HK$. □

习题 2.5

1. 设 $G = (a)$ 是一个 15 阶循环群, 求 $H = (a^3)$ 在群 G 中的所有左陪集, 以及一个左陪集代表系和一个右陪集代表系.

2. 设 G 是 n 阶有限群. 证明: G 中每个元素都满足方程 $x^n = e$.

3. (戴德金法则) 设 H, K, N 都是群 G 的子群, 且 $K \leqslant H$. 证明: $H \cap (KN) = K(H \cap N)$.

4. 设 p 是任意一个素数, m 是任意一个正整数. 证明: 任意的 p^m 阶群必有 p 阶元, 从而有 p 阶子群.

5. 设 H, K 是群 G 的两个子群, 且 $|H| = m, |K| = n$. 证明: 如果 $(m, n) = 1$, 则

$$H \cap K = \{e\}.$$

2.6   正规子群和商群

对于群 G 的一个子群 H 来说, 左陪集 aH 不一定与右陪集 Ha 相等. 但也有一些子群对 G 中元素 a 都有 $aH = Ha$, 具有这种性质的子群称为正规子群, 其在群论的研究中具有特别重要的意义, 因为利用正规子群又可以构造出一个新的代数系统——商群, 这也是引入陪集的一个重要用途.

定义 2.6.1   设 N 是群 G 的一个子群. 若对 G 中每个元素 a 都有

$$aN = Na, \text{ 即 } aNa^{-1} = N,$$

则称 N 是群 G 的一个**正规子群** (normal subgroup) 或**不变子群** (invariant subgroup). 简记为 $N \trianglelefteq G$; 若 $N \trianglelefteq G$ 且 $N \neq G$, 则记为 $N \lhd G$.

注记 2.6.2   正规子群的任何一个左陪集都是一个右陪集, 但并不是对 H 中任意元素 h 都有 $ah = ha$, 而是对 H 中任意元素 h, 存在 $h' \in H$, 使 $ah = h'a$.

另外, 交换群的子群一定是正规子群. 又对 $N \trianglelefteq G, N \leqslant H \leqslant G$, 根据定义, 一定有 $N \trianglelefteq H$.

根据群的定义, 群 G 的平凡子群 $\{e\}$ 与 G 显然都是 G 的正规子群, 这两个正规子群称为群 G 的平凡正规子群. 若 G 还存在其他的正规子群, 则称为 G 的非平凡正规子群. 显然, 群 G 的中心 $C(G)$ 是 G 的一个正规子群.

例 2.6.1   三元对称群 $S_3 = \{(1), (12), (13), (23), (123), (132)\}$, 容易验证 $N = \{(1), (123), (132)\}$ 是 S_3 的子群. 且有

$$(1)N = N = N(1),$$
$$(12)N = \{(12), (23), (13)\} = N(12),$$

$$(13)N = \{(13),(12),(23)\} = N(13),$$
$$(23)N = \{(23),(13),(12)\} = N(23),$$
$$(123)N = N = N(123),$$
$$(132)N = N = N(132),$$

但其他三个阶为 2 的子群

$$H_1 = \{(1),(12)\}, \quad H_2 = \{(1),(13)\}, \quad H_3 = \{(1),(23)\}$$

都不是 S_3 的正规子群, 例如

$$(13)H_1 = \{(13),(123)\}, \quad H_1(13) = \{(13),(132)\}.$$

所以 $(13)H_1 \neq H_1(13)$. 因此, H_1 不是 S_3 的正规子群.

定理 2.6.3 设 G 是群, $N \leqslant G$, 则

$$N \trianglelefteq G \iff aNa^{-1} \subseteq N \quad (\forall\, a \in G).$$

证明 必要性. 设 $N \trianglelefteq G$, 则对 G 中任意元素 a 有 $aNa^{-1} = N$, 显然有

$$aNa^{-1} \subseteq N.$$

充分性. 假设对 G 中任意元素 a, 有 $aNa^{-1} \subseteq N$, 于是

$$aN = aNa^{-1}a \subseteq Na;$$

又由 $a^{-1}Na \subseteq N$ 可得

$$Na \subseteq aN.$$

因此 $aN = Na$, 即 $N \trianglelefteq G$. □

上述定理显然等价于: 设 G 是群, $N \leqslant G$, 则

$$N \trianglelefteq G \iff axa^{-1} \in N \quad (\forall\, a \in G, x \in N).$$

例 2.6.2 n 元交错群 A_n 是 n 元对称群 S_n 的一个正规子群.

证明 任取 n 元置换 $\sigma \in S_n$ 与 n 元偶置换 $\tau \in A_n$, 由于 σ 与 σ^{-1} 有相同的奇偶性, 从而 $\sigma\tau\sigma^{-1}$ 仍然是一个偶置换, 于是

$$\sigma\tau\sigma^{-1} \in A_n.$$

因此, n 元交错群 A_n 是 n 元对称群 S_n 的一个正规子群. □

例 2.6.3 克莱因四元群 $K_4 = \{(1), (12)(34), (13)(24), (14)(23)\}$ 是 4 元对称群 S_4 的一个正规子群. 从而也是 4 元交错群 A_4 的一个正规子群.

证明 由例 2.4.2 可知, K_4 是 4 元交错群 A_4 的一个交换子群, 再由子群的传递性可知, K_4 是 4 元对称群 S_4 的一个交换子群. 下证, 对任意的 $\sigma \in S_4, \tau \in K_4$, 有 $\sigma\tau\sigma^{-1} \in K_4$. 当 $\tau = (1)$ 时, 有

$$\sigma\tau\sigma^{-1} = (1) \in K_4.$$

我们知道 K_4 中除恒等置换之外的三个置换是 4 元对称群 S_4 中仅有的阶为 2 的偶置换. 当 $\tau \neq (1)$ 时, 有

$$\sigma\tau\sigma^{-1} \neq (1).$$

又因为

$$(\sigma\tau\sigma^{-1})^2 = (\sigma\tau\sigma^{-1})(\sigma\tau\sigma^{-1}) = (1),$$

从而 $\sigma\tau\sigma^{-1}$ 是一个阶为 2 的偶置换. 于是

$$\sigma\tau\sigma^{-1} \in K_4.$$

因此, K_4 是 4 元对称群 S_4 的一个正规子群. 从而也是 4 元交错群 A_4 的一个正规子群. $\square$

例 2.6.4 $B_4 = \{(1), (13)(24)\}$ 是克莱因四元群 K_4 的一个正规子群, 但 B_4 不是 4 元对称群 S_4 的正规子群.

证明 由例 2.4.2 可知, K_4 是一个交换群, 再由交换群的子群都是正规子群可知, B_4 是克莱因四元群 K_4 的一个正规子群. 又

$$(12)B_4 = \{(12), (1324)\}, \quad B_4(12) = \{(12), (1423)\}.$$

于是 $(12)B_4 \neq B_4(12)$, 所以 B_4 不是 4 元对称群 S_4 的正规子群. $\square$

由上面的例子可知, 我们有下列性质.

性质 2.6.4 正规子群不具有传递性.

定理 2.6.5 (1) 群 G 的一个正规子群与一个子群的乘积是一个子群;
(2) 两个正规子群的乘积仍是一个正规子群.

证明 (1) 设 $N \trianglelefteq G, H \leqslant G$, 任取

$$nh \in NH \quad (n \in N, h \in H),$$

由 $N \trianglelefteq G$ 可得 $hN = Nh$, 于是

$$nh \in Nh = hN \subseteq HN,$$

从而 $NH \subseteq HN$. 同理可证

$$HN \subseteq NH.$$

因此 $NH = HN$, 再由定理 2.2.11 可知 $NH \leqslant G$.

(2) 设 $N \trianglelefteq G$, $K \trianglelefteq G$, 则由 (1) 可知, $NK \leqslant G$. 又对任意 $a \in G$, 有

$$a(NK) = (aN)K = (Na)K = N(aK) = N(Ka) = (NK)a,$$

根据正规子群的定义可知, $NK \trianglelefteq G$. $\qquad\square$

设 N 是群 G 的一个正规子群, 由于正规子群的任何一个左陪集都是一个右陪集, 所以可简称为陪集. 用 G/N 表示群 G 关于 N 的所有陪集构成的集合, 即

$$G/N = \{aH \mid a \in G\}.$$

定义集合 G/N 上的一个运算, 任取陪集 aN 与 bN, 定义陪集的乘法为

$$(aN)(bN) = (ab)N,$$

下面我们证明集合 G/N 关于这个运算构成一个群.

定理 2.6.6 群 G 的正规子群 N 的全体陪集构成的集合 G/N 对于陪集的乘法作成一个群.

证明 封闭性是显然的, 所以陪集的乘法是集合 G/N 上的一个代数运算. 由于群中子集的乘法满足结合律, 故陪集的乘法也满足结合律. 又陪集 N 显然是关于陪集乘法的单位元. 最后, 因

$$(a^{-1}N)(aN) = a^{-1}aN = N,$$

故 $a^{-1}N$ 是 aN 的逆元, 即 $(aN)^{-1} = a^{-1}N$. 因此 G/N 作成一个群. $\qquad\square$

定义 2.6.7 我们将上述定理中的集合 G/N 称为群 G 关于正规子群 N 的**商群** (quotient group).

由于商群 G/N 中的元素就是 N 在 G 中的陪集, 因此商群的阶

$$|G/N| = (G : N).$$

又根据拉格朗日定理, 对有限群 G 有

$$|G/N| = (G : N) = \frac{|G|}{|N|}.$$

作为商群的一个应用, 我们证明下面的柯西定理.

定理 2.6.8 (柯西定理)　设 G 是一个 pn 阶有限交换群, 其中 p 是一个素数, 则 G 有 p 阶元素, 从而有 p 阶子群.

证明　对 n 用数学归纳法.

当 $n = 1$ 时, G 是 p 阶循环群, 定理显然成立.

假设定理对阶为 $pk\,(1 \leqslant k < n)$ 的交换群成立, 下证对阶为 pn 的交换群 G 定理也成立. 在 G 中任取 $a \neq e$.

若 $p \mid |a|$, 令 $|a| = ps$, 则 $|a^s| = p$, 定理成立.

若 $p \nmid |a|$, 令 $|a| = m > 1$, 则 $(m, p) = 1$. 由于 $m \mid pn$, 所以

$$m \mid n.$$

令 $N = (a)$, 则由于 G 是交换群, 故

$$|G/N| = p \cdot \frac{n}{m}, \quad 1 \leqslant \frac{n}{m} < n.$$

于是由归纳假设, 群 G/N 有 p 阶元素 bN, 令 $|b| = r$, 则

$$(bN)^r = b^r N = N,$$

从而 $p \mid r$. 令 $r = pt$, 则 $|b^t| = p$. 因此由归纳法可知结论成立.　□

推论 2.6.9　$p_1 p_2 \cdots p_s$ (p_i 为互异素数) 阶交换群必为循环群.

证明　设 G 为 $p_1 p_2 \cdots p_s$ 阶交换群, 由定理 2.6.8, G 有 p_i 阶元素 a_i, 其中 $1 \leqslant i \leqslant s$. 又因为诸 p_i 为互异素数, 故由定理 2.3.2(4) 可知

$$|a_1 a_2 \cdots a_s| = p_1 p_2 \cdots p_s = |G|,$$

从而 G 有 $p_1 p_2 \cdots p_s$ 阶元素, 因此 G 是循环群.　□

习题 2.6

1. 证明: 指数为 2 的子群必是正规子群.

2. 设 G 是一个群, $H \leqslant G$, $N \trianglelefteq G$. 证明: $H \cap N \trianglelefteq H$. 又问: $H \cap N$ 是否必为 N 的正规子群? 如果是, 请证明. 如果不是, 请给出反例.

3. 试举例说明正规子群不满足传递性. 也就是: 在群 G 中, $N \trianglelefteq G$ 且 $H \trianglelefteq N$, 但不一定有 $H \trianglelefteq G$.

4. 设 G 是一个群, $N = (a) \trianglelefteq G$. 证明: N 的任意一个子群都是 G 的正规子群.

5. 设 G 是一个群, $N \trianglelefteq G$ 且 $(G : N) = m$. 证明: 对群 G 中的任意元素 a 都有 $a^m \in N$.

6. 设 G 是一个群, $H \leqslant N \leqslant G$. 证明:

(1) 如果 $H \lhd G$, $N \lhd G$, 那么 $N/H \lhd G/H$.

(2) 如果 $H \lhd G$, $N/H \lhd G/H$, 那么 $N \lhd G$.

7. 阶大于 1 且只有平凡正规子群的群, 称为**单群** (simple group). 证明: 有限交换群 G 为单群的充要条件是 G 为素数阶循环群.

2.7 群同态基本定理

群同态是群论中两个群之间保持群乘法运算的一种映射. 通过同态研究代数结构是一个非常重要的途径. 我们已经有了群的定义, 也知道了群的几个最基本性质以及正规子群、商群等概念. 通过群同态, 可以了解一个群与它的商群以及同态像之间的密切联系. 通过这些联系, 我们将看到正规子群和商群在群论研究中的重要作用. 本节首先给出群同态的定义以及讨论群同态的一些最基本的性质, 最后证明群同态基本定理.

定义 2.7.1 设 G 与 $\overline{G}$ 是两个群, 如果有一个 G 到 $\overline{G}$ 的映射 φ 保持运算, 即 $\varphi(ab) = \varphi(a)\varphi(b)$ ($\forall\, a, b \in G$), 称 φ 为群 G 到群 $\overline{G}$ 的一个**同态映射** (homomorphism).

当 φ 是满射时, 称 φ 是 G 与 $\overline{G}$ 的**满同态** (epimorphism), 记为 $G \sim \overline{G}$.

当 φ 是单射时, 称 φ 是 G 与 $\overline{G}$ 的**单同态** (monomorphism).

当 φ 是双射时, 称 φ 是 G 到 $\overline{G}$ 的一个**同构映射** (isomorphism). 如果群 G 到群 $\overline{G}$ 存在同构映射, 就称群 G 与 $\overline{G}$ 同构, 记为 $G \cong \overline{G}$.

群 G 到自身的同态映射, 称为群 G 的**自同态映射** (endomorphism); 群 G 到自身的同构映射, 称为群 G 的**自同构映射** (automorphism), 简称为群 G 的自同态和自同构.

定理 2.7.2 设 G 是一个群, $\overline{G}$ 是一个有代数运算 (也称为乘法) 的集合. 若 $G \sim \overline{G}$, 则 $\overline{G}$ 也是一个群.

证明 因为 $G \sim \overline{G}$, G 是群, 其乘法满足结合律, 故由第 1 章知, $\overline{G}$ 的乘法也满足结合律.

设 e 是群 G 的单位元, $\overline{a}$ 是 $\overline{G}$ 的任一元素, 又设 φ 是 G 到 $\overline{G}$ 的满同态, 且在 φ 之下

$$e \longmapsto \overline{e}, \quad a \longmapsto \overline{a},$$

于是

$$ea \longmapsto \overline{ea} = \overline{e}\,\overline{a}.$$

由 $ea = a$ 可知 $\overline{e}\,\overline{a} = \overline{a}$, 即 $\overline{e}$ 是 $\overline{G}$ 的单位元. 又设 $a^{-1} \longmapsto \overline{a^{-1}}$, 则

$$a^{-1}a \longmapsto \overline{a^{-1}\overline{a}}.$$

由 $a^{-1}a = e$ 可知

$$\overline{a^{-1}}\overline{a} = \overline{e},$$

即 $\overline{a^{-1}}$ 是 $\overline{a}$ 的逆元. 因此, $\overline{G}$ 也是一个群. □

注记 2.7.3 上述定理中的同态映射 φ 必须是满射. 例如, 设 G 是正有理数乘群, $\overline{G}$ 是全体正偶数对 $a \circ b = 2$ 作成的半群, 则显然

$$\varphi : x \longmapsto 2 \quad (\forall\, x \in G)$$

是 G 到 $\overline{G}$ 的一个同态映射 (但不是满射). G 是群, 但 $\overline{G}$ 并不是群.

另外需要注意的是, 若集合 G 与 $\overline{G}$ 各有一个代数运算, 且 $G \sim \overline{G}$, 则当 $\overline{G}$ 为群时, G 却不一定是群.

推论 2.7.4 设 φ 是群 G 到群 $\overline{G}$ 的一个同态映射 (不一定是满射), 则群 G 的单位元的像是群 $\overline{G}$ 的单位元, G 的元素 a 的逆元的像是 a 的像的逆元, 即

$$\overline{a^{-1}} = \overline{a}^{-1} \quad \text{或} \quad \varphi(a^{-1}) = \varphi(a)^{-1}.$$

下面讨论同态映射下子群的性质.

定理 2.7.5 设 φ 是群 G 到群 $\overline{G}$ 的一个同态映射, 则

(1) 当 $H \leqslant G$ 时, 有 $\varphi(H) \leqslant \overline{G}$, 且在 φ 之下, $H \sim \varphi(H)$;

(2) 当 $\overline{H} \leqslant \overline{G}$ 且 φ 是满射时, 有 $\varphi^{-1}(\overline{H}) \leqslant G$, 且在 φ 之下, $\varphi^{-1}(\overline{H}) \sim \overline{H}$.

证明 (1) 显然 $\varphi(H)$ 非空, 任取 $\overline{a}, \overline{b} \in \varphi(H)$, 且在 φ 之下令

$$a \longmapsto \overline{a}, \quad b \longmapsto \overline{b},$$

其中 $a, b \in H$. 由 $H \leqslant G$ 可知 $ab \in H$, 且

$$ab \longmapsto \overline{a}\overline{b}.$$

从而 $\overline{a}\overline{b} \in \varphi(H)$, 即 $\varphi(H)$ 对 $\overline{G}$ 的乘法封闭, 且

$$H \sim \varphi(H).$$

根据定理 2.7.2, 由 H 是子群可知 $\varphi(H)$ 也是群且是 $\overline{G}$ 的子群.

(2) 当 $\overline{H} \leqslant \overline{G}$ 时, 由于 $\varphi^{-1}(\overline{H})$ 显然非空, 任取 $a, b \in \varphi^{-1}(\overline{H})$, 且在 φ 之下令

$$a \longmapsto \overline{a}, \quad b \longmapsto \overline{b}.$$

则

$$ab^{-1} \longmapsto \overline{a}\overline{b}^{-1},$$

其中 $\bar{a}, \bar{b} \in \overline{H}$. 由 $\overline{H} \leqslant \overline{G}$ 可知 $\bar{a}\bar{b}^{-1} \in \overline{H}$, 从而

$$ab^{-1} \in \varphi^{-1}(\overline{H}).$$

根据定理 2.2.4 可知 $\varphi^{-1}(\overline{H}) \leqslant G$, 显然在 φ 之下, $\varphi^{-1}(\overline{H}) \sim \overline{H}$. □

进一步, 讨论同态映射下正规子群的性质.

定理 2.7.6 设 φ 是群 G 到群 $\overline{G}$ 的一个同态满射, 则

(1) $N \trianglelefteq G \Longrightarrow \varphi(N) \trianglelefteq \overline{G}$;

(2) $\overline{N} \trianglelefteq \overline{G} \Longrightarrow \varphi^{-1}(\overline{N}) \trianglelefteq G$.

证明 (1) 因为 $N \trianglelefteq G$, 由定理 2.7.5 知,

$$\varphi(N) \leqslant \overline{G}.$$

任取 $\bar{n} \in \varphi(N), \bar{a} \in \overline{G}$, 由于 $\overline{G}$ 是同态满射, 所以存在 $a \in G, n \in N$ 使

$$a \longmapsto \bar{a}, \quad n \longmapsto \bar{n},$$

于是

$$ana^{-1} \longmapsto \overline{ana^{-1}} = \bar{a}\,\bar{n}\,\bar{a}^{-1}.$$

由 $N \trianglelefteq G$ 可知 $ana^{-1} \in N$, 于是

$$\bar{a}\,\bar{n}\,\bar{a}^{-1} \in \varphi(N),$$

从而

$$\bar{a}\varphi(N)\bar{a}^{-1} \subseteq \varphi(N), \quad \varphi(N) \trianglelefteq \overline{G}.$$

(2) 若 $\overline{N} \trianglelefteq \overline{G}$, 可类似证明 $\varphi^{-1}(\overline{N}) \trianglelefteq G$.

定理 2.7.7 设 N 是群 G 的任意一个正规子群, 则

$$G \sim G/N,$$

即任何群均与其商群同态.

证明 在群 G 与商群 G/N 之间建立以下映射:

$$\tau: a \longmapsto aN \quad (\forall\, a \in G).$$

这显然是 G 到 G/N 的一个满射.

又任取 $a, b \in G$, 则有

$$\tau(ab) = (ab)N = (aN)(bN) = \tau(a)\tau(b),$$

即 τ 是 G 到 G/N 的一个同态满射, 故 $G \sim G/N$. □

称群 G 到商群 G/N 的这个同态满射 τ 为群 G 到商群 G/N 的**自然同态** (natural homomorphism).

定义 2.7.8 设 φ 是群 G 到群 $\overline{G}$ 的一个同态映射, $\overline{G}$ 的单位元 $\overline{e}$ 在 φ 之下所有逆像作成的集合

$$\varphi^{-1}(\overline{e}) = \{a \in G \mid \varphi(a) = \overline{e}\},$$

叫做 φ 的**核** (kernel), 记为 $\mathrm{Ker}\varphi$.

群 G 中所有元素在 φ 之下的像作成的集合 $\varphi(G) = \{\varphi(a) \mid a \in G\}$, 称为 φ 的**像** (image), 记为 $\mathrm{Im}\varphi$.

根据定理 2.7.5, 核 $\mathrm{Ker}\varphi$ 是群 G 的子群, 像 $\mathrm{Im}\varphi$ 是群 $\overline{G}$ 的子群.

定理 2.7.9 (群同态基本定理) 设 φ 是群 G 到群 $\overline{G}$ 的一个同态满射, 则 $N = \mathrm{Ker}\varphi \trianglelefteq G$, 且 $G/N \cong \overline{G}$.

证明 首先, 由于 $\overline{G}$ 的单位元是 $\overline{G}$ 的正规子群, 故由定理 2.7.6 知, φ 的核 $N = \mathrm{Ker}\varphi$ 是 G 的一个正规子群. 定义

$$\sigma: \quad G/N \longrightarrow \overline{G};$$
$$aN \longmapsto \varphi(a).$$

(1) 若 $aN = bN$, 则 $a^{-1}b \in N$. 于是

$$\varphi(a)^{-1}\varphi(b) = \varphi(a^{-1})\varphi(b) = \varphi(a^{-1}b) = \overline{e},$$

从而 $\varphi(a) = \varphi(b)$, 即 G/N 中的每个陪集在 σ 之下在 $\overline{G}$ 中只有一个像, 因此, σ 是 G/N 到 $\overline{G}$ 的映射.

(2) 任取 $\overline{a} \in \overline{G}$, 则因 φ 是满射, 故有 $a \in G$ 使 $\varphi(a) = \overline{a}$. 从而在 σ 之下元素 $\overline{a}$ 在 G/N 中有逆像 aN, 即 σ 为 G/N 到 $\overline{G}$ 的一个满射.

(3) 若 $aN \neq bN$, 则 $a^{-1}b \notin N$, 于是

$$\varphi(a)^{-1}\varphi(b) = \varphi(a^{-1})\varphi(b) = \varphi(a^{-1}b) \neq \overline{e},$$

从而 $\varphi(a) \neq \varphi(b)$, 即 σ 为 G/N 到 $\overline{G}$ 的一个单射.

(4) 对任意 $aN, bN \in G/N$, 有

$$\sigma((aN)(bN)) = \sigma(abN) = \varphi(ab) = \varphi(a)\varphi(b) = \sigma(aN)\sigma(bN),$$

因此 σ 为同构映射, 即 $G/N \cong \overline{G}$. □

应注意, 本定理中的 φ 是一个同态满射, 如果 φ 只是一个同态映射 (不一定是满射), 虽然也有 $\mathrm{Ker}\varphi \lhd G$, 但最后结论应改为

$$G/\mathrm{Ker}\varphi \cong \varphi(G) = \mathrm{Im}\varphi.$$

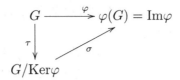

推论 2.7.10 设 G 与 $\overline{G}$ 是两个有限群. 如果 $G \sim \overline{G}$, 则 $|\overline{G}|$ 整除 $|G|$.

证明 因为 $G \sim \overline{G}$, 设此同态核为 N, 则由定理 2.7.9 知,

$$G/N \cong \overline{G},$$

由拉格朗日定理可知,

$$|\overline{G}| = |G/N| = |G|/|N|,$$

因此, $|\overline{G}|$ 整除 $|G|$. □

定理 2.7.11 设 G 与 $\overline{G}$ 是两个群且 $G \sim \overline{G}$. 若 G 是循环群, 则 $\overline{G}$ 也是循环群. 即循环群的同态像必为循环群.

证明 设 $G = (a)$. 由于 $G \sim \overline{G}$, 设在此同态下, a 在 $\overline{G}$ 中的像是 $\overline{a}$, 下证 $\overline{G} = (\overline{a})$. 显然 $(\overline{a}) \subseteq \overline{G}$; 另一方面, 任取 $\overline{x} \in \overline{G}$, 则存在 $x = a^m \in G$ 使

$$x \longmapsto \overline{x},$$

但由于在此同态之下

$$a^m \longmapsto \overline{a}^m,$$

于是 $\overline{x} = \overline{a}^m \in (\overline{a})$, 从而 $\overline{G} \subseteq (\overline{a})$. 因此 $\overline{G} = (\overline{a})$, 即 $\overline{G}$ 也是循环群. □

由以上证明可知, 在同态满射下, 循环群的生成元的像也是生成元.

推论 2.7.12 循环群的商群也是循环群.

引理 2.7.13 设 φ 是群 G 到群 $\overline{G}$ 的一个同态映射, 又 $H \leqslant G$. 若 $\mathrm{Ker}\varphi \subseteq H$, 则 $\varphi^{-1}(\varphi(H)) = H$.

证明 事实上, 显然有

$$H \subseteq \varphi^{-1}(\varphi(H)).$$

另一方面, 任取 $x \in \varphi^{-1}(\varphi(H))$, 则

$$\varphi(x) \in \varphi(H).$$

于是有 $h \in H$ 使 $\varphi(h) = \varphi(x)$, 也就是, $\varphi(h^{-1}x) = \bar{e}$, 从而

$$h^{-1}x \in \mathrm{Ker}\varphi.$$

由假设 $\mathrm{Ker}\varphi \subseteq H$ 可知 $h^{-1}x \in H$, 从而 $x \in H$. 于是又有

$$\varphi^{-1}(\varphi(H)) \subseteq H.$$

因此, $\varphi^{-1}(\varphi(H)) = H$. □

定理 2.7.14 设 φ 是群 G 到群 $\overline{G}$ 的一个同态满射, 同态核是 K. 则 G 的含 K 的所有子群与 $\overline{G}$ 的所有子群间可建立一个保持包含关系的双射.

证明 设 M 是 G 的含 K 的所有子群作成的集合, $\overline{M}$ 是 $\overline{G}$ 的所有子群的集合, 则易知

$$f : H \longmapsto \varphi(H) \quad (\forall\, H \in M)$$

是 M 到 $\overline{M}$ 的一个映射; 其次任取 $\overline{H} \in \overline{M}$, 并令 $H = \varphi^{-1}(\overline{H})$, 则 H 是 G 的一个子群且包含核 K, 故 $H \in M$. 再由 φ 是满同态可知

$$\varphi(H) = \varphi(\varphi^{-1}(\overline{H})) = \overline{H},$$

即 f 是 M 到 $\overline{M}$ 的一个满射.

最后, 任取 $H_1, H_2 \in M$, 若 $f(H_1) = f(H_2)$, 即

$$\varphi(H_1) = \varphi(H_2),$$

则 $\varphi^{-1}(\varphi(H_1)) = \varphi^{-1}(\varphi(H_2))$. 于是由引理 2.7.13 知, $H_1 = H_2$. 即 f 是单射.

因此, f 是 M 到 $\overline{M}$ 的一个双射.

又显然对 M 中的 H_1 与 H_2, $H_1 \subseteq H_2$ 当且仅当 $\varphi(H_1) \subseteq \varphi(H_2)$, 即双射 f 还保持 M 与 $\overline{M}$ 中子群间的包含关系. □

习题 2.7

1. 证明: 实数加群 $\mathbb{R}_+$ 与全体非零实数作成的乘群 $\mathbb{R}^*$ 不同构.

2. 设 G 是群, $N \trianglelefteq G$, $N \subseteq H \leqslant G$. 证明: H 在 G 到 G/N 的自然同态下的像是 H/N.

3. 群 G 到群 $\overline{G}$ 的同态映射 φ 是单射的充要条件是, 群 $\overline{G}$ 的单位元 $\bar{e}$ 的逆像只有 e.

4. 设 H 是群 G 的一个子群, φ 是群 G 到群 $\overline{G}$ 的一个同态映射 (不一定是满射). 证明: 若 $\mathrm{Ker}\varphi \subseteq H$, 则 $\varphi^{-1}(\varphi(H)) = H$.

5. 设 φ 是群 G 到交换群 $\overline{G}$ 的一个同态映射 (不一定是满射), 且 $N \leqslant G$. 证明: 若 $\mathrm{Ker}\varphi \subseteq N$, 则 $N \trianglelefteq G$.

2.8 群的同构定理

群同态与群同构都是研究群的性质、结构及群与群之间关系的重要工具. 群同构可以保持群的所有代数性质, 因此群的同构揭示了群的本质, 它通过一些简单群的结构来刻画一般群. 本节将给出三个重要的群同构定理以及一些基本性质. 后面我们将讨论环论和域论, 而这些群同构属性对于环、域等代数结构同样适用. 本节讨论群的自同构以及内自同构. 一个群的自同构和内自同构反映了群的对称性, 因此自同构群也是群论的重要内容之一.

定理 2.8.1(第一同构定理) 设 φ 是群 G 到群 $\overline{G}$ 的一个同态满射, 又 $\mathrm{Ker}\varphi \subseteq N \trianglelefteq G$, $\overline{N} = \varphi(N)$, 则

$$G/N \cong \overline{G}/\overline{N}.$$

证明 **方法一.** 因为 $N \trianglelefteq G$, 且 φ 是满同态, 故 $\overline{N} = \varphi(N) \trianglelefteq \overline{G}$. 令

$$\sigma : G \longrightarrow \overline{G}/\overline{N};$$
$$x \longmapsto \varphi(x)\varphi(N) \quad (\forall \, x \in G).$$

下证 σ 是群 G 到 $\overline{G}/\overline{N}$ 的一个同态满射.

显然 σ 是群 G 到 $\overline{G}/\overline{N}$ 的一个映射. 任取 $\overline{a}\overline{N} \in \overline{G}/\overline{N}$, 则因 φ 是满同态, 故有 $a \in G$ 使 $\varphi(a) = \overline{a}$. 从而在 σ 之下 $\overline{a}\overline{N}$ 有逆像 a, 即 σ 是满射. 在 σ 之下有

$$\sigma(ab) = \varphi(ab)\overline{N} = \varphi(a)\varphi(b)\overline{N} = (\varphi(a)\overline{N})(\varphi(b)\overline{N}) = \sigma(a)\sigma(b),$$

因此 σ 是 G 到 $\overline{G}/\overline{N}$ 的同态满射.

考虑 σ 的同态核 $\mathrm{Ker}\sigma = \{a \in G \mid \sigma(a) = \overline{N}\}$. 若 $a \in \mathrm{Ker}\sigma$, 则 $\sigma(a) = \varphi(a)\overline{N} = \overline{N}$, 从而

$$\varphi(a) \in \overline{N} = \varphi(N).$$

故存在 $c \in N$ 使

$$\varphi(a) = \varphi(c),$$

也就是 $\varphi(c^{-1}a) = \overline{e}$, 其中 $\overline{e}$ 是 $\overline{G}$ 的单位元. 于是

$$c^{-1}a \in \mathrm{Ker}\varphi.$$

由 $\mathrm{Ker}\varphi \subseteq N$ 可知,

$$a = c \cdot c^{-1}a \in N,$$

从而 $\mathrm{Ker}\sigma \subseteq N$. 另一方面, 如果 $a \in N$, 那么

$$\sigma(a) = \varphi(a)\varphi(N) = \varphi(N) = \overline{N}.$$

于是 $a \in \mathrm{Ker}\sigma$, 从而 $N \subseteq \mathrm{Ker}\sigma$. 故 $\mathrm{Ker}\sigma = N$. 最后由群同态基本定理可得, $G/N \cong \overline{G}/\overline{N}$.

方法二. 因为 $N \trianglelefteq G$, 且 φ 是满同态, 故 $\overline{N} = \varphi(N) \trianglelefteq \overline{G}$. 令

$$\tau : G/N \longrightarrow \overline{G}/\overline{N};$$
$$xN \longmapsto \varphi(x)\varphi(N) \quad (\forall\, x \in G).$$

下证 τ 是商群 G/N 到 $\overline{G}/\overline{N}$ 的一个同构映射.

(1) 若 $aN = bN$, 则 $a^{-1}b \in N$. 由于 φ 是同态映射, 故

$$\varphi(a)^{-1} \cdot \varphi(b) = \varphi(a^{-1}b) \in \varphi(N) = \overline{N}.$$

从而 $\varphi(a)\overline{N} = \varphi(b)\overline{N}$, 即 τ 是 G/N 到 $\overline{G}/\overline{N}$ 的映射.

(2) 任取 $\overline{a}\overline{N} \in \overline{G}/\overline{N}$, 则因 φ 是满同态, 故有 $a \in G$ 使 $\varphi(a) = \overline{a}$. 从而在 τ 之下 $\overline{a}\overline{N}$ 有逆像 aN, 即 τ 是满射.

(3) 若 $\varphi(a)\overline{N} = \varphi(b)\overline{N}$, 则

$$\varphi(a^{-1}b) = \varphi(a)^{-1}\varphi(b) \in \overline{N}.$$

由于 φ 为满同态且 $\overline{N} = \varphi(N)$, 故有 $c \in N$ 使

$$\varphi(a^{-1}b) = \varphi(c),$$

也就是 $\varphi(c^{-1}a^{-1}b) = \overline{e}$, 其中 $\overline{e}$ 是 $\overline{G}$ 的单位元. 于是

$$c^{-1}a^{-1}b \in \mathrm{Ker}\varphi.$$

但是 $\mathrm{Ker}\varphi \subseteq N$, 故

$$a^{-1}b = c \cdot c^{-1}a^{-1}b \in N.$$

从而 $aN = bN$, 即 τ 是单射.

(4) 在 τ 之下有

$$\tau((aN)(bN)) = \tau(abN) = \varphi(ab)\overline{N} = \varphi(a)\varphi(b)\overline{N} = (\varphi(a)\overline{N})(\varphi(b)\overline{N})$$
$$= \tau(aN)\tau(bN),$$

因此 τ 是 G/N 到 $\overline{G}/\overline{N}$ 的同构映射. 即 $G/N \cong \overline{G}/\overline{N}$. $\qquad\square$

以上的同构当然也可以写成 $G/N \cong \varphi(G)/\varphi(N)$. 但应注意, 定理 2.8.1 中的 φ 必须是满同态而且 N 必须是 G 的包含核 $\mathrm{Ker}\varphi$ 的正规子群.

推论 2.8.2 设 H, N 是群 G 的两个正规子群, 且 $N \subseteq H$, 则

$$G/H \cong (G/N)/(H/N).$$

证明 因为自然同态 $G \sim G/N$ 的核为 $N \subseteq H$, 而 H 在这个同态下的像为 H/N, 故由定理 2.8.1 得 $G/H \cong (G/N)/(H/N)$. □

定理 2.8.3 (第二同构定理) 设 G 是群, 又 $H \leqslant G$, $N \trianglelefteq G$. 则 $H \cap N \trianglelefteq H$, 并且

$$H/(H \cap N) \cong (HN)/N.$$

证明 因为 $H \leqslant G$, $N \trianglelefteq G$, 故 $HN \leqslant G$, 且 $N \trianglelefteq HN$. 类似于定理 2.8.1 的证明, 易得

$$\varphi: \quad x \longmapsto xN \quad (\forall x \in H)$$

是子群 H 到商群 HN/N 的同态满射. 同态核

$$\mathrm{Ker}\varphi = \{h \in H \mid \varphi(h) = N\} = \{h \in H \mid hN = N\} = \{h \in H \mid h \in N\} = H \cap N,$$

故由群同态基本定理可知, $H \cap N \trianglelefteq H$ 且 $H/(H \cap N) \cong (HN)/N$. □

定理 2.8.4 (第三同构定理) 设 G 是群, 又 $N \trianglelefteq G$, $\overline{H} \leqslant G/N$. 则
(1) 存在唯一的子群 $H \supseteq N$, 且 $\overline{H} = H/N$;
(2) 当 $\overline{H} \trianglelefteq G/N$ 时, 有唯一的 $H \trianglelefteq G$ 使 $\overline{H} = H/N$, 且 $G/H \cong (G/N)/(H/N)$.

证明 (1) 设在自然同态 $\tau: G \longrightarrow G/N$ 之下 $\overline{H}$ 的逆像为 H, 则

$$N \subseteq \tau^{-1}(\overline{H}) = H \leqslant G,$$

且因 τ 是满同态, 故

$$\tau(H) = \tau(\tau^{-1}(\overline{H})) = \overline{H}.$$

又易知 $\tau(H) = H/N$, 故再由上节定理 2.7.14, G 中含 N 的不同子群其像也不同, 故可知这样的 H 也是唯一的.

(2) 当 $\overline{H}$ 是 G/N 的正规子群时, 由 (1) 及定理 2.7.6 知, G 有唯一正规子群 $H \supseteq N$ 使 $\overline{H} = H/N$. 又由于在自然同态

$$G \sim G/N$$

之下有 $H \supseteq N$, 且 H 的像是 H/N, 故由第一同构定理知: $G/H \cong (G/N)/(H/N)$. □

注记 2.8.5 第三同构定理表明, 商群 G/N 的子群仍为商群, 且呈 H/N 形, 其中 H 是 G 的含 N 的子群; 又 H 是 G 的正规子群当且仅当 H/N 是 G/N 的正规子群.

接下来考虑由一个群的全体自同构构成的群. 为此, 先考虑更一般的情况.

定理 2.8.6 设 M 是有一个代数运算 (乘法) 的代数系统, 则 M 的全体自同构关于变换的乘法作成一个群, 称为 M 的自同构群.

证明 设 σ, τ 是 M 的任意两个自同构, 则 $\sigma\tau$ 与 σ^{-1} 都是 M 到自身的双射. 且对 M 中任二元素 a, b 有

$$\sigma\tau(ab) = \sigma(\tau(ab)) = \sigma(\tau(a)\tau(b)) = \sigma\tau(a) \cdot \sigma\tau(b),$$

从而乘积 $\sigma\tau$ 也是 M 的一个自同构.

又因为对 M 中任意元素 x 有

$$\sigma\sigma^{-1}(x) = \sigma^{-1}\sigma(x) = x,$$

于是有

$$\sigma^{-1}(ab) = \sigma^{-1}(\sigma\sigma^{-1}(a) \cdot \sigma\sigma^{-1}(b)) = \sigma^{-1}(\sigma(\sigma^{-1}(a) \cdot \sigma^{-1}(b))) = \sigma^{-1}(a) \cdot \sigma^{-1}(b),$$

从而 σ^{-1} 也是 M 的自同构. 因此, M 的全体自同构作成 M 上的对称群 $S(M)$ (M 的全体双射变换作成的群) 的一个子群. □

推论 2.8.7 群 G 的全体自同构关于变换的乘法作成一个群. 这个群称为群 G 的**自同构群** (automorphism group), 记为 $\mathrm{Aut}G$.

定理 2.8.8 无限循环群的自同构群是一个 2 阶循环群; n 阶循环群的自同构群是一个 $\phi(n)$ 阶群, 其中 $\phi(n)$ 为欧拉函数.

证明 由于在同构映射下, 循环群的生成元与生成元相对应, 而生成元的相互对应完全决定了群中所有元素的对应, 因此, 一个循环群有多少个生成元就有多少个自同构. 由于无限循环群有两个生成元, n 阶循环群有 $\phi(n)$ 个生成元, 从而其自同构群分别为 2 阶循环群和 $\phi(n)$ 阶群. □

定理 2.8.9 设 G 是一个群, $a \in G$. 则

(1) $\tau_a : x \longmapsto axa^{-1}$ ($\forall\, x \in G$) 是 G 的一个自同构, 称为 G 的一个**内自同构** (inner automorphism);

(2) G 的全体内自同构作成一个群, 称为群 G 的**内自同构群** (inner automorphism group), 记为 $\mathrm{Inn}G$;

(3) $\mathrm{Inn}G \trianglelefteq \mathrm{Aut}G$.

证明 (1) 对任意 $x, y \in G$, 由消去律可知, $x = y$ 当且仅当 $axa^{-1} = aya^{-1}$. 又 $a^{-1}xa$ 是 x 的像, 所以 τ_a 是 G 到自身的一个双射. 又由于

$$\tau_a(xy) = a(xy)a^{-1} = (axa^{-1})(aya^{-1}) = \tau_a(x)\tau_a(y),$$

因此, τ_a 是 G 的一个自同构.

(2) 设 τ_a 与 τ_b 为 G 的任意两个内自同构, 则对 G 中任意元素 x 有

$$\tau_a\tau_b(x) = \tau_a(\tau_b(x)) = \tau_a(bxb^{-1}) = a(bxb^{-1})a^{-1} = (ab)x(ab)^{-1} = \tau_{ab}(x),$$

即 $\tau_a\tau_b = \tau_{ab}$ 仍为 G 的一个内自同构. 又有

$$\tau_a\tau_{a^{-1}}(x) = \tau_a(\tau_{a^{-1}}(x)) = \tau_a(a^{-1}xa) = a(a^{-1}xa)a^{-1} = x,$$
$$\tau_{a^{-1}}\tau_a(x) = \tau_{a^{-1}}(\tau_a(x)) = \tau_{a^{-1}}(axa^{-1}) = a^{-1}(axa^{-1})a = x,$$

所以 $\tau_{a^{-1}}$ 是 τ_a 的逆元, 即 $\tau_a^{-1} = \tau_{a^{-1}}$. 因此, $\mathrm{Inn}G \leqslant \mathrm{Aut}G$.

(3) 设 σ 是 G 的任意一个自同构, τ_a 是 G 的任意一个内自同构. 任取 $x \in G$, 令 $\sigma^{-1}(x) = y$, 即 $\sigma(y) = x$, 则

$$\sigma\tau_a\sigma^{-1}(x) = \sigma\tau_a(y) = \sigma(aya^{-1}) = \sigma(a)\sigma(y)\sigma(a^{-1}) = \sigma(a)x\sigma(a)^{-1} = \tau_{\sigma(a)}(x),$$

即 $\sigma\tau_a\sigma^{-1} = \tau_{\sigma(a)}$ 仍是 G 的一个内自同构. 故 $\mathrm{Inn}G \trianglelefteq \mathrm{Aut}G$. □

设 N 为群 G 的一个正规子群, 则对 G 中任意元素 a, 有

$$aNa^{-1} \subseteq N \text{ 或 } \tau_a(N) \subseteq N,$$

即 N 对 G 的任意内自同构都不变. 反之, 若 G 的一个子群有此性质, 则它显然是 G 的一个正规子群. 这就是说, G 的正规子群就是对 G 的所有内自同构都不变的子群. 因此, 正规子群又称不变子群.

定义 2.8.10 设 H 是群 G 的一个子群. 如果 H 对群 G 的所有自同构都不变, 即对 G 的任何自同构 σ 都有

$$\sigma(H) \subseteq H,$$

则称 H 是 G 的一个**特征子群** (characteristic subgroup).

注记 2.8.11 由特征子群的定义可知, 我们可以将定义中的条件改为 "$\sigma(H) = H$".

例 2.8.1 克莱因四元群 $K_4 = \{(1), (12)(34), (13)(24), (14)(23)\} = \{e, a, b, c\}$ 是一个交换群, 易知置换

$$\sigma = \begin{pmatrix} e & a & b & c \\ e & b & a & c \end{pmatrix}$$

是 K_4 的一个自同构. 容易验证 $N = \{(1), (13)(24)\}$ 是 K_4 的一个正规子群, 但 $\sigma(N) = \{(1), (12)(34)\} \neq N$, 从而它不是 K_4 的一个特征子群.

定义 2.8.12 设 H 是群 G 的一个子群. 若 H 对 G 的每个自同态映射都不变, 即对 G 的每个自同态映射 φ 都有

$$\varphi(H) \subseteq H,$$

则称 H 是群 G 的一个**全特征子群** (total characteristic subgroup).

事实上, 全特征子群是特征子群, 反之不一定成立; 特征子群是正规子群, 反之也不一定成立, 这里不再赘述.

由 2.6 节可知, 正规子群不具有传递性, 下面我们证明特征子群与全特征子群具有传递性.

性质 2.8.13 特征子群与全特征子群具有传递性.

证明 我们仅证明特征子群的情况, 对于全特征子群, 我们留作练习 (习题 7).

设 K 是 H 的特征子群, H 是 G 的特征子群. 任取群 G 的一个自同构 σ, 由 H 是 G 的特征子群可知, σ 限制在子群 H 上 $\sigma|_H$ 是 H 上的自同构.

由 $K \leqslant H$ 可知, 对任意 $k \in K$ 有

$$\sigma(k) = \sigma|_H(k).$$

再由 K 是 H 的特征子群可知,

$$\sigma|_H(k) \in K.$$

从而有 $\sigma(k) \in K$, 于是

$$\sigma(K) \subseteq K.$$

因此, K 是 G 的特征子群. □

习题 2.8

1. 设 G 是一个群, $K \leqslant H \trianglelefteq G$, $K \trianglelefteq G$. 证明: 若 G/K 是交换群, 则 G/H 也是交换群.

2. 设 G 是一个群, $H_1 \leqslant G$, $H_2 \trianglelefteq G$, $N \trianglelefteq G$. 利用第二同构定理证明: 若 $|H_1|$, $|H_2|$ 与 $(G : N)$ 都有限, 且 $\gcd(|H_i|, (G : N)) = 1$, $i = 1, 2$, 则 $H_1 H_2 \leqslant N$.

3. 证明: 群 G 的中心 $C(G)$ 是 G 的特征子群.

4. 举例说明特征子群不一定是全特征子群, 且正规子群不一定是特征子群.

5. 证明: 循环群的子群都是全特征子群.

6. 设 $C(G)$ 是群 G 的中心, 证明: $\mathrm{Inn}\,G \cong G/C(G)$.

7. 证明: 全特征子群具有传递性.

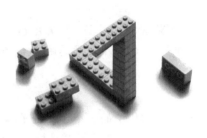

第 **3** 章
环

本章将介绍群后的另一个重要的代数结构: 环. 环论的发展目前公认的说法有两条: 一条是数系的发展导致环论的发展; 另一条是代数数论以及代数几何的发展导致环论的发展. 但是, 两条路线下的环的概念是相容的: 环是带有两种代数运算的代数系统, 是现代代数学十分重要的一类研究对象. 环论的发展可追溯到 19 世纪关于实数域的扩张及其分类的研究, 是一类重要的数学研究对象.

环的概念起源于德国数学家戴德金 (J. W. R. Dedekind, 1831—1916), 并由德国的大数学家希尔伯特 (D. Hilbert, 1862—1943) 命名, 而相关的比较系统的结论则是由德国的女数学家诺特 (E. Noether, 1882—1935) 建立的, 这被视为抽象代数学形成的标志. 值得一提的是, 诺特在理论物理学也卓有建树, 她提出的诺特定理, 解释了对称性与守恒律之间的联系, 爱因斯坦称其为 "自女性接受高等教育以来最杰出和最具创造性的数学天才".

本章主要介绍环与域的基本性质以及一些特殊的环, 其中包括环与域的定义、子环、整环、除环、理想、素理想、极大理想、商环以及环的同态与同构、分式域等.

3.1 基 本 概 念

1896 年, 希尔伯特向德国数学会提交了代数数论的经典报告《代数数域理论》, 他在文中首次引入了 "环" 的概念. 本章介绍环的基本概念与性质.

3.1.1 环的定义

首先回顾下关于加群的定义和一些符号. 所谓**加群** (additive group), 是一个以 "加法" 为代数运算的交换群, 这里的 "加法" 常用 "+" 来表示. 加群的单位元一般用 0 表示, 称之为**零元** (zero element). 对群中任意的元素 a, 都存在一个元素 b 使得 $a + b = b + a = 0$, 这里的 b 称为 a 的**负元** (negative element).

我们约定, na 表示 n 个 a 相加, 即

$$na = \underbrace{a + a + \cdots + a}_{n\text{个}}.$$

此外, 式 $0a = 0$ 中第一个 0 是指整数零, 而第二个 0 是指加群的零元, 尽管它们代表的元素可能不同, 但习惯之后会很方便.

定义 3.1.1 设 R 是一个非空集合, 若 R 的两个二元运算 $+, \cdot$, 分别称为加法与乘法, 且满足以下条件:

(1) R 关于加法是一个交换群;

(2) R 对乘法满足结合律 $(a \cdot b) \cdot c = a \cdot (b \cdot c)$;

(3) 左右分配律成立

$$(a + b) \cdot c = a \cdot c + b \cdot c,$$
$$a \cdot (b + c) = a \cdot b + a \cdot c,$$

则称 R 关于这两种代数运算为一个**环** (ring), 记为 $(R, +, \cdot)$.

若存在 $e \in R$, 使得对于环 R 中的任意元素 a 都有 $e \cdot a = a \cdot e$, 则称 e 是**单位元** (identity), 亦称幺元, 称 R 是**含幺环** (ring with identity). 有时 e 也写作 1_R. 对于一个环而言, 若单位元存在, 则必定唯一, 证明留给读者.

此外, 若 R 中的任意两个元素 a 和 b 的乘积满足交换律, 即 $a \cdot b = b \cdot a$, 则称环 R 是**交换环** (commutative ring), 否则称为**非交换环** (non-commutative ring).

一般地, 环 R 中的加法单位元和乘法单位元 (若存在的话) 在不会混淆的情况下, 分别记为 0 和 1, 并且环 R 中两个元素的乘积可以简写成 ab, 我们约定 a^n 为 n 个 a 相乘.

例 3.1.1 设 G 是一个加群, 0 是它的零元, 定义对任意的 $a, b \in G$, $a \cdot b = 0$, 则 $(G, +, \cdot)$ 作成一个环, 称为零乘环.

注记 3.1.2 取 $R = \{0\}$, 定义 $0 + 0 = 0 \cdot 0 = 0$, 那么 $(R, +, \cdot)$ 是环. 在本章中, 如无特别说明, 所提到的环, 其元素数目至少是 2, 且 0 不等于 1.

例 3.1.2 全体整数在加法和乘法的意义下, 构成一个环, 称为整数环, 记作 $\mathbb{Z}$. 它是一个含幺的交换环. 而所有的偶数尽管可以构成一个交换环, 它却没有单位元. 容易验证, 有理数集 $\mathbb{Q}$、实数集 $\mathbb{R}$、复数集 $\mathbb{C}$ 都可以按照相应的加法和乘法构成可以交换的含幺环.

例 3.1.3 当正整数 $n > 1$ 时, 剩余类集 $\mathbb{Z}_n = \{\bar{0}, \bar{1}, \cdots, \overline{n-1}\}$ 关于剩余类的加法和乘法构成一个环, 称为模 n 剩余类环.

证明 根据例 2.1.6 知, $\mathbb{Z}_n$ 关于加法是一个交换群. 根据例 1.4.2 知, $\mathbb{Z}_n$ 上的乘法是合理的. 易证 $\mathbb{Z}_n$ 中的元素关于剩余类的乘法满足结合律, 而且乘法对加法

满足分配律. 因此, $\mathbb{Z}_n$ 关于剩余类的加法和乘法构成一个环, 且是一个交换环. □

    注记 3.1.3　在不引起混淆的情况下, 我们将 "—" 这个符号省去, 例如, 我们用 $0, 1, 2$ 表示剩余类环 $\mathbb{Z}_3$ 中的元素.

    当 $n = 5$ 时, 可以给出环 $\mathbb{Z}_5$ 的加法表和乘法表, 见表 3.1 和表 3.2.

表 3.1　　$\mathbb{Z}_5$ 上的加法表

+	0	1	2	3	4
0	0	1	2	3	4
1	1	2	3	4	0
2	2	3	4	0	1
3	3	4	0	1	2
4	4	0	1	2	3

表 3.2　　$\mathbb{Z}_5$ 上的乘法表

·	0	1	2	3	4
0	0	0	0	0	0
1	0	1	2	3	4
2	0	2	4	1	3
3	0	3	1	4	2
4	0	4	3	2	1

    例 3.1.4　设 a_i 是实数域 $\mathbb{R}$ 中的一些元素, $0 \leqslant i \leqslant n$. 在高等代数中, 我们定义形如

$$f(x) = a_0 + a_1 x + \cdots + a_n x^n$$

的表达式, 并将其称为实数域 $\mathbb{R}$ 上的多项式, 那么, 实数域 $\mathbb{R}$ 上的多项式的全体在多项式的加法和乘法的意义下, 作成一个环, 称为实数域 $\mathbb{R}$ 上的一元**多项式环** (polynomial ring), 记为 $\mathbb{R}[x]$. 实际上, 多项式环也可以定义在一般的环上.

    例 3.1.5　容易验证, 实数域 $\mathbb{R}$ 上 n 阶方阵的全体在矩阵的加法和乘法的意义下可以构成一个环, 称为 n 阶方阵环, 记为 $M_n(\mathbb{R})$. 由于矩阵的乘法一般不可交换, 所以这是一个非交换环.

3.1.2　环的性质

    在环 $(R, +, \cdot)$ 中, 环 R 关于 "+" 是加群, 所以关于加群的性质, R 都满足. 例如, 对于任意的 $x, a, b, c \in R, m, n \in \mathbb{Z}$, 有

    (1) 若 $x + a = a$, 则 $x = 0$;

    (2) 若 $a + x = 0$, 则 $x = -a$;

    (3) 若 $a + b = a + c$, 则 $b = c$;

    (4) $n(a + b) = na + nb$;

    (5) $(m + n)a = ma + na$;

    (6) $(mn)a = m(na)$;

    (7) $-(a + b) = -a - b$;

    (8) $-(a - b) = -a + b$.

除了这些外, 环 $(R, +, \cdot)$ 对于乘法还有其他的一些性质.

定理 3.1.4 设 R 是环, 0 为加法单位元, 则有

(1) 对任意的 $a \in R$, 都有 $0 \cdot a = a \cdot 0 = 0$;

(2) 对任意的 $a, b \in R$, 都有 $(-a)b = a(-b) = -(ab)$ 和 $(-a)(-b) = ab$;

(3) 对任意的 $n \in \mathbb{Z}$, $a, b \in R$, 都有 $(na)b = a(nb) = n(ab)$.

证明 (1) 由于 0 是加法单位元, 所以

$$0a = (0+0)a = 0a + 0a,$$

则 $0a = 0$. 类似可得 $a0 = 0$.

(2) 结合乘法的分配律, 有

$$ab + (-a)b = (a + (-a))b = 0b = 0,$$

所以 $(-a)b = -(ab)$. 类似可得 $a(-b) = -(ab)$. 从而

$$(-a)(-b) = a(-(-b)) = ab.$$

(3) 容易验证

$$(na)b = (a + a + \cdots + a)b = ab + ab + \cdots + ab = n(ab),$$

同理可得 $a(nb) = n(ab)$. □

注记 3.1.5 从环的定义可以看出, 环对乘法不一定作成群, 因为乘法单位元不一定存在. 但实际上, 即使单位元存在, 由于 $a \cdot 0 = 0 \cdot a = 0 \neq 1$, 所以环关于乘法一定不是群, 但环的某些子集关于乘法可以是群.

定理 3.1.6 设 R 是环, 则对任意 $m, n \in \mathbb{Z}$, $a, b \in R$, 都有

$$\left(\sum_{i=1}^{m} a_i \right) \left(\sum_{j=1}^{n} b_j \right) = \sum_{i=1}^{m} \sum_{j=1}^{n} a_i b_j. \tag{3.1}$$

证明 注意到对任意 $a, b \in R$, 都有

$$\left(\sum_{i=1}^{m} a_i \right) b = (a_1 + a_2 + \cdots + a_m)b = \sum_{i=1}^{m} a_i b$$

和

$$a \left(\sum_{j=1}^{n} b_j \right) = a(b_1 + b_2 + \cdots + b_n) = \sum_{j=1}^{n} a b_j.$$

那么

$$\left(\sum_{i=1}^{m} a_i \right) \left(\sum_{j=1}^{n} b_j \right) = \sum_{i=1}^{m} \left(a_i \left(\sum_{j=1}^{n} b_j \right) \right) = \sum_{i=1}^{m} \sum_{j=1}^{n} a_i b_j. \qquad \square$$

在一般的环 R 中还可以引入正整数指数幂的概念, 即

$$a^n = \overbrace{aa\cdots a}^{n\uparrow}.$$

当环 R 含有单位元 1 时, 约定 $a^0 = 1$. 若环 R 含有单位元 1, 且元素 a 关于乘法有逆元, 即在环中存在元素 b 使得 $ab = ba = 1$ 时, 可以对 a 引入负整数指数幂的概念, 即

$$a^{-n} = \overbrace{bb\cdots b}^{n\uparrow} = \left(a^{-1}\right)^n,$$

其中 b 由 a 唯一确定, 记为 $b = a^{-1}$, 且称 a 可逆. 关于逆元以及可逆的概念将在下一节继续探讨.

3.1.3 环的一些例子

正如群的分类一样, 环的分类也是一件困难的事情. 在同构意义下, 只有 11 种阶为 4 的有限环, 关于 p^2 阶的有限环的一些分类工作可以见 (Benjamin, 1993), 这里 p 是素数. 当 $p = 2$ 时, 表 3.3 列出了所有的 4 阶的有限环, 其中环 A, B, C 的加群都是 4 阶循环群 (a), 而其余环的加群不是循环群, 但可以写为 $R = \{0, a, b, a+b\}$. 表 3.3 中特征的定义见 3.3.2 节. 四元素环在代数编码与密码中具有重要的应用, 我国著名数学家万哲先院士在 1997 年将人们对环 $\mathbb{Z}_4$ 上编码理论的若干研究成果加以归纳整理, 写成著作 *Quaternary Codes*, 见 (Wan, 1997), 使得环 $\mathbb{Z}_4$ 上的纠错码理论有了基本框架, 自此有限环上的纠错码理论进入了全面发展时期. 下面具体解释一下表 3.3 中的部分环.

表 3.3   4 阶有限环的分类

环	表示	特征
A	$\langle a; 4a = 0, a^2 = a \rangle$	4
B	$\langle a; 4a = 0, a^2 = 2a \rangle$	4
C	$\langle a; 4a = 0, a^2 = 0 \rangle$	4
D	$\langle a, b; 2a = 2b = 0, a^2 = a, b^2 = b, ab = ba = 0 \rangle$	2
E	$\langle a, b; 2a = 2b = 0, a^2 = a, b^2 = b, ab = a, ba = b \rangle$	2
F	$\langle a, b; 2a = 2b = 0, a^2 = a, b^2 = b, ab = b, ba = a \rangle$	2
G	$\langle a, b; 2a = 2b = 0, a^2 = 0, b^2 = b, ab = ba = a \rangle$	2
H	$\langle a, b; 2a = 2b = 0, a^2 = 0, b^2 = b, ab = ba = 0 \rangle$	2
I	$\langle a, b; 2a = 2b = 0, a^2 = b, ab = 0 \rangle$	2
J	$\langle a, b; 2a = 2b = 0, a^2 = b^2 = 0 \rangle$	2
K	$\langle a, b; 2a = 2b = 0, a^2 = a, b^2 = a + b, ab = ba = b \rangle$	2

如果一个环的加群是 n 阶循环群 $R = (g)$, 那么这个环的结构由 g^2 决定, 因为环中任意两个元素 x, y 可写为 $x = ag, y = bg, a, b \in \mathbb{Z}$, 从而它们的乘积

为 $xy = (ab)g^2 = yx$. 若 $g^2 = kg, k \in \mathbb{Z}$, 则可以将 R 写为

$$R = \langle g; ng = 0, g^2 = kg \rangle.$$

例如, 剩余类环 $\mathbb{Z}_4$ 的加群是一个 4 阶循环群, 并且加法循环群的生成元 $g = 1$ 满足 $g^2 = g$, 所以 $\mathbb{Z}_4 = \langle g; 4g = 0, g^2 = g \rangle$, 这就是表 3.3 中的环 A. 但是剩余类环 $\mathbb{Z}_8$ 的一个子集 $2\mathbb{Z}_8 = \{\bar{0}, \bar{2}, \bar{4}, \bar{6}\}$ 在 $\mathbb{Z}_8$ 的加法和乘法意义下, 它也是一个环, 并且加群是循环群, 生成元是 $a = \bar{2}$, 但 $a^2 = \bar{4} = 2a$, 所以 $2\mathbb{Z}_8 = \langle a; 4a = 0, a^2 = 2a \rangle$, 这就是表 3.3 中的环 B. 同理可证剩余类环 $\mathbb{Z}_{16}$ 的一个子集 $4\mathbb{Z}_{16} = \{\bar{0}, \bar{4}, \bar{8}, \bar{12}\}$ 实际上就是表 3.3 中的环 C.

例 3.1.6 考虑集合 $\mathbb{Z}_2 + v\mathbb{Z}_2 = \{0, 1, v, 1+v\}$, 满足 $v^2 = v$, 定义加法和乘法如表 3.4 和表 3.5 所示. 可以验证 $\mathbb{Z}_2 + v\mathbb{Z}_2$ 关于这两种运算构成一个环. 取 $a = v, b = 1+v$, 那么 $a^2 = v^2 = a, b^2 = (1+v)^2 = 1+v = b$, 且 $ab = ba = 0$, 所以环 $\mathbb{Z}_2 + v\mathbb{Z}_2$ 实际上就是表 3.3 中的环 D.

表 3.4　　$\mathbb{Z}_2 + v\mathbb{Z}_2$ 上的加法表

$+$	0	1	v	$1+v$
0	0	1	v	$1+v$
1	1	0	$1+v$	v
v	v	$1+v$	0	1
$1+v$	$1+v$	v	1	0

表 3.5　　$\mathbb{Z}_2 + v\mathbb{Z}_2$ 上的乘法表

$\times$	0	1	v	$1+v$
0	0	0	0	0
1	0	1	v	$1+v$
v	0	v	v	0
$1+v$	0	$1+v$	0	$1+v$

这些都是交换环的例子, 当然, 也存在 4 阶的非交换环, 比如表 3.3 中的环 E.

例 3.1.7 设 R 是一个 4 阶的环, 并且 $R = \{0, a, b, a+b\}$, 其中 $2a = 2b = 0$, 则 R 关于加法显然构成一个加群. 若 R 中元素关于乘法满足: $a^2 = a$, $b^2 = b$, $ab = a$, $ba = b$, 那么可以验证 R 在定义的加法和乘法下作成一个环.

容易验证, 表 3.3 中环 K 的元素 a 是单位元, 并且 $b(a+b) = ba + b^2 = a$, 它实际上就是 4 阶的有限域 $\mathbb{F}_4$, 将在之后学习.

从上述表示也可以看出, 环与群类似, 环中的元素具体是什么, 有时并不是"特别重要", 重要的是元素与元素之间的联系.

例 3.1.8 定义集合 $\mathbb{Z}_2 + u\mathbb{Z}_2 + \cdots + u^{k-1}\mathbb{Z}_2$, 满足 $u^k = 0$ 且 k 是正整数, 其元素的一般表达形式为

$$a_0 + a_1 u + a_2 u^2 + \cdots + a_{k-1}u^{k-1},$$

其中 $a_i \in \mathbb{Z}_2 = \{0, 1\}$, 这里元素的形式类似于多项式. 在这个集合上, 可以定义加法:

$$\left(a_0 + a_1 u + a_2 u^2 + \cdots + a_{k-1}u^{k-1}\right) + \left(b_0 + b_1 u + b_2 u^2 + \cdots + b_{k-1}u^{k-1}\right)$$

$$= c_0 + c_1 u + c_2 u^2 + \cdots + c_{k-1} u^{k-1},$$

其中 $c_i = a_i + b_i$, 运算是在 $\mathbb{Z}_2$ 中进行的. 仿照高等代数中多项式的乘积, 考虑到 $u^k = 0$, 我们定义乘法:

$$\left(a_0 + a_1 u + a_2 u^2 + \cdots + a_{k-1} u^{k-1}\right) \cdot \left(b_0 + b_1 u + b_2 u^2 + \cdots + b_{k-1} u^{k-1}\right)$$

$$= d_0 + d_1 u + d_2 u^2 + \cdots + d_{k-1} u^{k-1},$$

其中 $d_i = \sum_{i+j=k} a_i b_j$, 运算也是在 $\mathbb{Z}_2$ 中进行的. 在这两种运算下, 集合 $\mathbb{Z}_2 + u\mathbb{Z}_2 + \cdots + u^{k-1}\mathbb{Z}_2$ 作成一个**链环** (chain ring). 关于链环, 我们将在本书后续内容中学习, 这里不做赘述.

当 $k = 2$ 时, 取 $a = u, b = 1$, 那么 $a^2 = u^2 = 0, b^2 = 1 = b$, 且 $ab = ba = u = a$, 所以环 $\mathbb{Z}_2 + u\mathbb{Z}_2$ 实际上就是表 3.3 中的环 G.

习题 3.1

1. 写出剩余类环 $\mathbb{Z}_4$ 的加法表和乘法表.

2. 尝试给出表 3.3 中各环的加法表和乘法表, 并比较异同.

3. 行列式为 0 的实 2 阶矩阵构成的集合, 关于矩阵的加法和乘法是否构成一个环? 为什么?

4. 设 $C[0,1]$ 是闭区间 $[0,1] \subseteq \mathbb{C}$ 上连续函数的全体, 定义加法和乘法:

$$(f+g)(x) = f(x) + g(x), \quad (f \cdot g)(x) = f(x) \cdot g(x).$$

证明: $C[0,1]$ 在这两个运算下构成一个环.

5. 设 R 是含幺环, 证明: R 的加法满足交换律可以由其他定义导出.

6. 若一个环的加群是循环群, 则这个环是交换环.

7. 含幺环 R 可交换的充分必要条件是, 对任意 $a, b \in R$ 都有

$$a^2 b^2 = (ab)^2.$$

8. 设 R 为一个环, $a, b \in R$ 且 $ab = ba$, 当 $n \geqslant 2$ 时, 有

$$(a+b)^n = a^n + \sum_{i=1}^{n-1} \binom{n}{i} a^{n-i} b^i + b^n,$$

若 R 是含幺环, 则

$$(a+b)^n = \sum_{i=0}^{n} \binom{n}{i} a^{n-i} b^i.$$

3.2 整环、除环与域

显然, 整数环和实数域都是环, 但它们的性质并不相同, 因为整数环中除了 ± 1 外, 其他元素都是不可逆的. 而整数环与矩阵环也不同, 因为整数环乘法可交换, 而矩阵环乘法不可交换.

3.2.1 零因子

整数环和有理数域、实数域共有一些性质, 譬如任意两个非零元的乘积都不是零. 对于一般的环而言, 这个性质可能并不具备.

定义 3.2.1 设 R 是环, $0 \neq a \in R$, 若存在 R 中的另一个非零元素 b 使得 $ab = 0$, 则称 a 为 R 的一个**左零因子**. 类似地, 若 $ba = 0$, 则称 a 为 R 的一个**右零因子**. 左零因子和右零因子统称为 R 的**零因子** (zero-divisor).

例 3.2.1 考虑剩余类环 $\mathbb{Z}_4$, 容易验证这个环中只有 $\bar{2}$ 是零因子, 而 $\bar{1}$ 和 $\bar{3}$ 都不是零因子.

例 3.2.2 考虑环 $4\mathbb{Z}_{16}$, 显然, 这个环中所有的非零元都是零因子.

可见环中除了非零元, 可以有且仅有一个零因子, 也可以全都是零因子.

例 3.2.3 考虑剩余类环 $\mathbb{Z}_{15}$, 求其零因子.

解 容易验证: $\bar{3}, \bar{5}, \bar{6}, \bar{9}, \bar{10}$ 和 $\bar{12}$ 都是零因子. 对于其他任意元素 $\bar{0} \neq \bar{x} \in \mathbb{Z}_{15}$, 它的代表元 x 和 15 互素, 因此存在整数 s, t 使得 $xs + 15t = 1$, 即 $\bar{x}\bar{s} = \bar{1}$. 若 $\bar{x}$ 是零因子, 那么存在 $\bar{y} \neq \bar{0}$ 使得 $\bar{x}\bar{y} = \bar{0}$, 从而

$$\bar{0} = \bar{x}\bar{y}\bar{s} = \bar{1}\bar{y} = \bar{y},$$

矛盾, 因此不存在其他的零因子. $\qquad\square$

例 3.2.4 表 3.3 中环 D 的零因子为 v 和 $1+v$, 因为 $v(1+v) = 0$.

注记 3.2.2 正如高等代数和数论中的约定一般, 我们用 $\gcd(a,b)$ 表示 a 和 b 的最大公因子, 那么整数 a 和 b 互素也就是 $\gcd(a,b) = 1$.

对于一个环而言, 没有零因子与乘法的消去律成立是等价的.

定理 3.2.3 在环 R 中, 若 a 不是左零因子, 则左消去律成立:

$$ab = ac, \ a \neq 0 \implies b = c;$$

若 a 不是右零因子, 则右消去律成立:

$$ba = ca, \ a \neq 0 \implies b = c.$$

证明 若 $ab = ac$, 则 $a(b - c) = 0$, 由于 a 不是左零因子且 $a \neq 0$, 从而 $b - c = 0$, 即 $b = c$. 同理可证另一情形. □

推论 3.2.4 在一个没有左零因子 (或者右零因子) 的环中, 两个消去律都成立; 反之, 若有一个消去律成立, 则该环中没有零因子, 且另一个消去律成立.

证明 当环中不存在左零因子时, 也不存在右零因子, 根据定理 3.2.3, 消去律成立.

反之, 设左消去律成立, 若 $a \neq 0$ 且 $ab = 0$, 则 $ab = a0$, 从而 $b = 0$, 则环中无左零因子, 从而也不存在右零因子, 因此右消去律也成立. □

由此, 仿照整数环的一些性质, 我们给出整环的定义.

定义 3.2.5 设 R 是含幺交换环, 并且 $1_R \neq 0_R$, 若 R 中不存在零因子, 则称 R 为**整环** (domain).

例 3.2.5 容易验证, 整数集 $\mathbb{Z}$、有理数集 $\mathbb{Q}$、实数集 $\mathbb{R}$ 和复数集 $\mathbb{C}$ 在普通的加法和乘法下构成的环均是整环.

例 3.2.6 设 $\mathbb{Z}[i] = \{a + bi \mid a, b \in \mathbb{Z}, i^2 = -1\}$, 那么 $\mathbb{Z}[i]$ 按照复数的加法和乘法构成一个整环, 称为高斯整环.

高斯整环是一种构造特殊且具有一定代表性的环, 在环论中占有重要的地位. 高斯整环在数论中同样很重要, 它是德国著名数学家高斯 (C. F. Gauss, 1777—1855) 在解决四次互反律中提出的. 同时, 利用高斯整环, 可以解决二平方和问题, 即: 哪些整数可以写成两个整数的平方和.

已知 $\omega = (-1 + \sqrt{-3})/2$ 满足 $\omega^2 + \omega + 1 = 0$, 也就是说 ω 是一个复数, 那么可以定义集合

$$\mathbb{Z}[\omega] = \{a + b\omega \mid a, b \in \mathbb{Z}\}.$$

可以验证这个集合关于复数的加法和乘法也作成一个环, 并且也是一个整环, 证明留作习题. 德国的年轻数学家艾森斯坦 (F. G. M. Eisenstein, 1823—1852) 曾借助这个整环 $\mathbb{Z}[\omega]$ 证明了三次互反律.

3.2.2 单位

定义 3.2.6 设 R 是含幺环, 幺元记作 1, $a, b \in R$. 若 $ab = 1$, 则称 a 为 b 的一个左逆元, 称 b 为 a 的一个右逆元. 若 $ab = ba = 1$, 则 a 叫做 b 的乘法逆元. 环 R 中的可逆元一般称为**单位** (unit). 显然环 R 的单位元是单位.

定理 3.2.7 含幺环 R 中的全体单位形成一个乘法群, 叫做环 R 的单位群或乘群, 记作 $U(R)$ 或 R^*.

证明 显然, $U(R)$ 对乘法封闭, 由环的定义, 乘法满足结合律; $U(R)$ 的单位元就是环的单位元; 由于 $U(R)$ 是单位的集合, 根据单位的定义, 每个单位都有逆元. 因此, $U(R)$ 是群. □

注记 3.2.8 容易验证, 单位必然不是零因子, 反之, 零因子也不可能是单位.

例 3.2.7 实数域中所有的非零元都可逆, 所以都是单位.

例 3.2.8 考虑剩余类环 $\mathbb{Z}_5$, 它的乘群 $\mathbb{Z}_5^* = \{\bar{1}, \bar{2}, \bar{3}, \bar{4}\}$ 是一个由 $\bar{2}$ 生成的循环群, 因为

$$\bar{2}^0 = \bar{1}, \quad \bar{2}^1 = \bar{2}, \quad \bar{2}^2 = \bar{4}, \quad \bar{2}^3 = 8 = \bar{3}, \quad \bar{2}^4 = \bar{2} \times \bar{2}^3 = \bar{1}.$$

例 3.2.9 考虑剩余类环 $\mathbb{Z}_{p^m}$, 这里 p 是素数, m 是正整数, 求其单位和零因子的个数.

解 显然, $\overline{kp}$ 都是零因子, 其中 $1 \leqslant k \leqslant p^{m-1} - 1$, 共有 $p^{m-1} - 1$ 个. 除此之外, 剩余类环 $\mathbb{Z}_{p^m}$ 中其他的任意非零元素 $\bar{x}$ 都满足: $\bar{x}$ 与 p^m 互素, 因此存在整数 a, b 使得 $a\bar{x} + bp^m = 1$, 即

$$\bar{a}\bar{x} \equiv 1 \pmod{p^m}, \tag{3.2}$$

所以 $\bar{x}$ 为 $\mathbb{Z}_{p^m}$ 中的可逆元素, 从而 $\mathbb{Z}_{p^m}$ 中单位的个数为 $\phi(p^m) = p^m - p^{m-1}$, 其中 ϕ 是欧拉函数. □

例 3.2.10 高斯整环的单位只有 ± 1 和 $\pm i$.

证明 设 $\alpha = a + bi$ 是 $\mathbb{Z}[i]$ 的一个单位, 那么存在另一单位 $\beta = x + yi \in \mathbb{Z}[i]$ 使得 $(a + bi)(x + yi) = 1$. 取 $\alpha\beta$ 的共轭 $\overline{\alpha\beta}$, 则 $\alpha\beta\overline{\alpha\beta} = 1$, 则

$$(a^2 + b^2)(x^2 + y^2) = 1,$$

从而

$$a^2 + b^2 = x^2 + y^2 = 1.$$

因此, 高斯整环的单位只有 ± 1 和 $\pm i$. □

例 3.2.11 考虑链环 $R = \mathbb{Z}_2 + u\mathbb{Z}_2 + \cdots + u^{k-1}\mathbb{Z}_2$, 其中 $u^k = 0$ 并且 k 是正整数, 求其零因子和单位.

解 设环中的元素为 $a_0 + a_1 u + \cdots + a_{k-1}u^{k-1}$, 那么

$$u^{k-1}\left(a_0 + a_1 u + \cdots + a_{k-1}u^{k-1}\right) = a_0 u^{k-1},$$

所以, 当 $a_0 = 0$ 时, 这样的非零元素都是零因子.

另一方面, 注意到 $2x = 0$ 对任意的 $x \in R$ 都成立, 那么 $(a + b)^2 = a^2 + b^2$, 通过数学归纳法不难验证

$$(x_1 + x_2 + \cdots + x_n)^{2^m} = x_1^{2^m} + x_2^{2^m} + \cdots + x_n^{2^m},$$

其中 $x_i \in R$, m, n 是正整数. 又因为等式 $a_i^{2^k} = a_i$ 对任意的 i 都成立, 且 $2^k > k$, 那么

$$\left(1 + a_1 u + \cdots + a_{k-1} u^{k-1}\right)^{2^k} = 1 + a_1 u^{2^k} + \cdots + a_{k-1} u^{(k-1)2^k} = 1,$$

所以, 当 $a_0 = 1$ 时, 这样的非零元素都是单位. □

尽管上例给出了环中单位的一般表达形式, 但并没有给出具体的某个单位的逆元, 读者可以尝试给出当 k 比较小的时候各个单位的逆元, 留作习题.

上面的例子中, 环的非零元按零因子与单位分成了两类. 但是, 实际上, 环中除了零元、零因子和单位外, 环中可能还存在既不是零因子, 也不是单位的元素. 譬如, 整数环中除了零元素和 ± 1 外, 其他元素既不是零因子, 也不是单位.

例 3.2.12 考虑整数环上的二阶矩阵环 $M_2(\mathbb{Z})$, 显然, 二阶单位阵 I_2 是其单位元. 令

$$X = \begin{pmatrix} 2 & 0 \\ 0 & 2 \end{pmatrix} \quad \text{和} \quad Y = \begin{pmatrix} a & b \\ c & d \end{pmatrix} \in M_2(\mathbb{Z}).$$

如果 $I_2 = XY$, 那么必有 $2a = 1$, $a \in \mathbb{Z}$, 这是不可能的. 此外, 由于 $XY = YX = 2Y$, 所以, X 既不是单位, 也不是零因子.

定义 3.2.9 设 D 是含幺环, 并且 $1_D \neq 0_D$. 若 D 中每个非零元都是单位, 则称 D 为**除环** (divisible ring). 若 D 可交换, 则称 D 是**域** (field).

元素个数有限的域称为**有限域** (finite field), 否则称为无限域.

例 3.2.13 容易验证剩余类环 $\mathbb{Z}_2$ 是域. 实际上, 当 p 是素数时, 剩余类环 $\mathbb{Z}_p$ 都是域. 证明留作习题.

例 3.2.14 考虑域 $\mathbb{Z}_p$, 这里 p 是素数, 它的乘群 $G = \mathbb{Z}_p^*$ 是一个循环群.

证明 只需在 G 中找到一个乘法阶为 $p-1$ 的元素. 实际上, 可以在环 $\mathbb{Z}_p$ 中任取非零元 a, 那么 a 的阶 r 整除 $p-1$. 若 $r = p-1$, 证明完成, 否则在集合 G_a 中任取非零元 b, 这里

$$G_a = G \setminus S_a = G \setminus \{1, a, a^2, \cdots, a^{r-1}\},$$

即在 G 中删去方程 $x^r = 1$ 的解集 S_a. 事实上, 阶为 r 的因子的元素也落在集合 S_a 中.

对于 b, 它的阶 s 若是 $p-1$, 证明结束, 否则, 考虑元素 ab, 它的阶恰为 r 和 s 的最小公倍数, 记为 lcm (r, s). 若 lcm $(r, s) = p-1$, 则证明结束, 否则定义集合 S_{ab}, 然后在集合 $G \setminus S_{ab}$ 中选取元素 c, 再重复上述过程.

在这种操作下, 后一步找到的元素的阶总会比前一步的更大, 并且每次找到一个 d 阶元素后, 若 $d \neq p-1$, 我们总会删除 d 个元素后再找新的元素. 换

句话说, 没有找到阶为 $p-1$ 的元素, 这个步骤就不会终止; 但实际上, 这个乘群是一个有限的 $p-1$ 阶群, 所以, 最终一定可以找到 $p-1$ 阶元素, 从而乘群是循环群. □

3.2.3　整环、除环和域的异同

例 3.2.15　整数环 $\mathbb{Z}$ 是一个整环, 但不是除环; 而有理数集 $\mathbb{Q}$、实数集 $\mathbb{R}$ 和复数集 $\mathbb{C}$ 既是整环, 也是除环, 还是域.

例 3.2.16　设 $n>1$, 当 n 是素数时, 剩余类环 $\mathbb{Z}_n$ 是一个域; 当 n 是合数时, $\mathbb{Z}_n$ 含有零因子, 从而不是域. 证明留作习题.

若一个环不存在零因子, 则称之为无零因子环. 显然, 除环和域都是无零因子环.

定理 3.2.10　有限无零因子环是除环.

证明　设 R 是一个有限的无零因子环, 对于 R 中任意的一个非零元素 x, 考虑集合 $xR=\{xy|y\in R\}$. 如果 $xy_1=xy_2$, 则 $x(y_1-y_2)=0$, 从而 $y_1=y_2$, 那么 $xR=R$, 同理 $Rx=R$. 存在 $x'\in R$, 使得 $xx'=x$, 下证 x' 是单位元. 任取 R 中的元素 z, 那么存在 z' 使得 $z'x=z$, 进一步得到

$$zx'=(z'x)x'=z'(xx')=z'x=z,$$

也就是说 x' 是右单位元, 从而是单位元. 考虑到对任意的非零元素 x 都有 $xR=R$, 那么每个非零元都可逆, 因此, R 是除环. □

定理 3.2.11　有限整环是域.

证明　**方法一**. 设 D 是一个有限的整环, 它当然是一个有限的无零因子环, 从而是除环, 是域.

方法二. 设 D 是一个有限的整环. 对于 D 的任意一个非零元素 x, 考虑由 x 生成的循环群: $(x)=\{x^i|i\in\mathbb{N}\}$. 它显然是 D 的一个子集, 从而存在 $k>\ell$, 使得 $x^k=x^\ell$, 那么 $x^{k-\ell}=1$. 因此, x 可逆, 从而 D 是一个域. □

实际上, 有限的除环是可交换的, 从而必是域, 这就是历史上著名的韦德伯恩 (Wedderburn) 定理, 由韦德伯恩于 1905 年首先证明, 感兴趣的读者可以参阅文献 (冯克勤等, 2009).

可交换的除环有很多, 比如有理数域、实数域、复数域等, 下面是一个非交换除环的例子, 由爱尔兰著名数学家、物理学家哈密顿 (W. R. Hamilton, 1805—1865) 在 1843 年首次提出.

例 3.2.17　定义集合 $\mathbb{H}=\{a_0+a_1\boldsymbol{i}+a_2\boldsymbol{j}+a_3\boldsymbol{k}|a_s\in\mathbb{R},0\leqslant s\leqslant 3\}$, 集合中的元素可以用向量表示, 即 $a_0+a_1\boldsymbol{i}+a_2\boldsymbol{j}+a_3\boldsymbol{k}=(a_0,a_1,a_2,a_3)$. 在集合 $\mathbb{H}$ 中定义加法

$$(a_0, a_1, a_2, a_3) + (b_0, b_1, b_2, b_3) = (a_0 + b_0, a_1 + b_1, a_2 + b_2, a_3 + b_3)$$

和乘法

$$
\begin{aligned}
(a_0, a_1, a_2, a_3) \cdot (b_0, b_1, b_2, b_3) = (&a_0b_0 - a_1b_1 - a_2b_2 - a_3b_3, \\
&a_0b_1 + a_1b_0 + a_2b_3 - a_3b_2, \\
&a_0b_2 + a_2b_0 + a_3b_1 - a_1b_3, \\
&a_0b_3 + a_3b_0 + a_1b_2 - a_2b_1),
\end{aligned}
$$

其中 $i^2 = j^2 = k^2 = -1$, 并且

$$i \cdot j = k, \quad k \cdot i = j, \quad j \cdot k = i;$$
$$j \cdot i = -k, \quad i \cdot k = -j, \quad k \cdot j = -i.$$

可以验证 $\mathbb{H}$ 在这两种运算下构成一个非交换环. 进一步, 由于

$$(a_0, a_1, a_2, a_3) \cdot (a_0, -a_1, -a_2, -a_3) = a_0^2 + a_1^2 + a_2^2 + a_3^2,$$

因此环 $\mathbb{H}$ 中任意一个非零元都可逆, 从而是除环. $\mathbb{H}$ 称为**哈密顿四元数除环** (Hamilton's quaternion ring), 这也是历史上被发现的第一个非交换除环.

哈密顿四元数除环, 一般简称为四元数, 在计算机图形学中有着重要的应用, 四元数的性质有利于表达三维空间旋转的信息. 相比于欧拉角和旋转矩阵等其他旋转方法, 四元数只需存储 4 个浮点数, 相比矩阵更加轻量; 可以解决万向节死锁问题; 对于求逆和串联等操作, 四元数更加高效. 所以综合考虑, 现在主流游戏或动画引擎都会综合缩放向量、旋转四元数、平移向量这三种形式进行存储角色的运动数据.

由于域中每个非零元都可逆, 那么我们把乘积 ab^{-1} 写作 a/b 或者 $\dfrac{a}{b}$, 这里 $b \neq 0$, 称之为 a 除以 b, 运算 "/" 称为除法. 关于除法, 域中有以下性质, 证明从略.

定理 3.2.12 设 $(F, +, \cdot)$ 是域, 则对于任意 $a, b, c, d \in F$, 且 $b \neq 0, d \neq 0$, 有

(1) $ad = bc$ 当且仅当 $a/b = c/d$;

(2) 若 $c \neq 0$, 关于除法有以下性质:

$$\frac{a}{b} \pm \frac{c}{d} = \frac{ad \pm bc}{bd}, \quad \frac{a}{b} \cdot \frac{c}{d} = \frac{ac}{bd}, \quad \frac{a/b}{c/d} = \frac{ad}{bc}.$$

本节介绍了环, 并定义了整环、除环、域等特殊的环, 关于这些环之间的区别和联系, 可以参考表 3.6.

表 3.6　不同环之间的比较

	无零因子	有单位元	可逆	交换
含幺环		✓		
交换环				✓
无零因子环	✓			
整环	✓	✓		✓
除环	✓	✓	✓	
域	✓	✓	✓	✓

习题 3.2

1. 设 $n > 1$, 证明: 当 n 是素数时, 剩余类环 $\mathbb{Z}_n$ 是一个域; 当 n 是合数时, $\mathbb{Z}_n$ 含有零因子. 并求出环 $\mathbb{Z}_n$ 的零因子和可逆元, 证明可逆元的数目为 $\phi(n)$, ϕ 是欧拉函数.

2. 证明: 集合 $\mathbb{Q}[i] = \{a + bi \mid a, b \in \mathbb{Q}, i^2 = -1\}$ 是域, 称为高斯数域.

3. 证明: 任意域的有限乘法子群总是一个循环群.

4. 证明: 环 $\mathbb{Z}[\omega]$ 是一个整环.

5. 证明: 集合

$$M = \left\{ \begin{pmatrix} \alpha & \beta \\ -\beta' & \alpha' \end{pmatrix} \,\middle|\, \alpha, \beta \in \mathbb{C} \right\}$$

关于复数域上的矩阵的加法和乘法是一个非交换的除环, 其中 α', β' 分别是 α, β 的共轭复数, 并且它与哈密顿四元数除环同构.

6. 分别列出表 3.3 中 11 个四元素环的所有零因子和单位.

3.3 子　环

正如子群、正规子群之于群, 环中同样有类似的概念, 分别称为子环、理想.

3.3.1 子环

在介绍理想之前, 我们先引入子环的概念.

定义 3.3.1　设 S 是环 R 的一个非空子集, 若 S 关于环 R 的加法和乘法仍构成一个环, 则称 S 是环 R 的一个**子环** (subring). 反之, 称环 R 是环 S 的**扩张** (extension).

注记 3.3.2　为了证明 R 的非空子集 S 是环 R 的一个子环, 只需验证对任意的 $a, b \in S$, 都有 $a - b, ab \in S$.

每个环都有两个平凡的子环, 即零环和它本身.

例 3.3.1 全体偶数可以构成一个环, 这个环是整数环 $\mathbb{Z}$ 的一个子环, 记作 $2\mathbb{Z}$. 事实上, $\mathbb{Z}$ 的子环首先是一个子加群, 即 $k\mathbb{Z}$, k 是某个正整数. 读者不难验证这的确是个环, 所以 $\mathbb{Z}$ 的所有子环为 $\{k\mathbb{Z} \mid k \geqslant 0 \text{ 且 } k \text{ 为正整数}\}$.

例 3.3.2 设 $S_i (i \in I)$ 是环 R 的一个子环, 那么它们的交 $\bigcap_{i \in I} S_i$ 也是 R 的一个子环, 证明留作习题.

例 3.3.3 考虑链环 $\mathbb{Z}_2 + u\mathbb{Z}_2 + \cdots + u^{k-1}\mathbb{Z}_2$, 其中 $u^k = 0$ 并且 k 是正整数, 显然 $\mathbb{Z}_2$ 是其子环.

例 3.3.4 $\mathbb{Z}\left[\sqrt{2}\right] = \{a + b\sqrt{2} \mid a, b \in \mathbb{Q}\}$ 是实数域 $(\mathbb{R}, +, \cdot)$ 的子环.

证明 集合显然非空, 那么任取元素 $a_1 + b_1\sqrt{2}, a_2 + b_2\sqrt{2} \in \mathbb{Z}\left[\sqrt{2}\right]$, 则

$$(a_1 + b_1\sqrt{2}) - (a_2 + b_2\sqrt{2}) = (a_1 - a_2) + (b_1 - b_2)(\sqrt{2}) \in \mathbb{Z}[\sqrt{2}],$$

$$(a_1 + b_1\sqrt{2}) \cdot (a_2 + b_2\sqrt{2}) = (a_1 a_2 + 2b_1 b_2) + (a_1 b_2 + a_2 b_1)(\sqrt{2}) \in \mathbb{Z}[\sqrt{2}].$$

因此, $(\mathbb{Z}\left[\sqrt{2}\right], +, \cdot)$ 是实数域 $(\mathbb{R}, +, \cdot)$ 的子环. □

例 3.3.5 高斯整环 $\mathbb{Z}[\mathrm{i}]$ 是复数域 $(\mathbb{C}, +, \cdot)$ 的子环.

含幺环的子环未必有单位元, 反过来, 即使一个环没有单位元, 其子环却可能有单位元.

例 3.3.6 设

$$R_1 = \left\{\begin{pmatrix} a & b \\ 0 & 0 \end{pmatrix} \middle| a, b \in \mathbb{R}\right\}, \quad R_2 = \left\{\begin{pmatrix} a & 0 \\ 0 & 0 \end{pmatrix} \middle| a \in \mathbb{R}\right\},$$

则它们都是实数域上的二阶矩阵环 $M_2(\mathbb{R})$ 的子环, 且 R_2 是 R_1 的子环. 容易验证, R_2 有单位元

$$\begin{pmatrix} 1 & 0 \\ 0 & 0 \end{pmatrix},$$

然而其不是 R_1 的单位元, 而 $M_2(\mathbb{R})$ 的单位元是单位阵 I_2. 这说明一个环与其子环可能会有不同的单位元.

在环中, 同样可以定义中心.

定义 3.3.3 设 R 是非零环, R 的子集

$$\{s \in R \mid rs = sr, \forall\, r \in R\}$$

称为环 R 的**中心** (center), 记作 $C(R)$.

定理 3.3.4 环 R 的中心 $C(R)$ 是 R 的一个交换子环.

证明 显然, $0 \in C(R)$, 从而 $C(R)$ 非空. 任取 $s, t \in C(R), r \in R$, 则

$$(s - t)r = sr - tr = rs - rt = r(s - t),$$

$$(st)r = s(tr) = s(rt) = (sr)t = (rs)t = r(st).$$

从而, $C(R)$ 是 R 的一个子环, 交换是显然的. □

推论 3.3.5 除环的中心是域.

3.3.2 特征

定义 3.3.6 设 R 是非零环, 则对于任意的 $a \in R$, 使得 $na = 0$ 成立的最小正整数 n 称为环的**特征** (characteristic), 记作 $\mathrm{char}R$. 如果这样的正整数不存在, 规定 $\mathrm{char}R = \infty$.

注记 3.3.7 当正整数 n 不存在时, 有些教材上把特征定义为 0. 有限群中元素的阶总是有限的, 因此有限环的特征总是存在的.

命题 3.3.8 如果 R 是含幺环, 那么 R 的特征和单位元的加法的阶相同.

证明 当特征 n 是正整数时, 根据特征和阶的定义, 单位元的加法阶就是 n, 因为它们都是使得 $ne = 0$ 的最小正整数 n, 这里 e 是单位元. 当特征是 ∞ 时, 这就意味着上述的 n 不存在, 从而阶是无限的, 即 ∞. □

定理 3.3.9 无零因子环 R 的特征要么是某个素数, 要么是 ∞.

证明 对任意 $0 \neq a \in R$, 如果 R 的特征是一个合数 n, 不妨设为 $n = pq$, 其中 $1 < p, q < n$, 那么 $n \cdot a^2 = (pq) \cdot a^2 = (p \cdot a)(q \cdot a) = 0$. 又 R 不含有零因子, 所以要么 $p \cdot a = 0$, 要么 $q \cdot a = 0$, 与特征的定义矛盾. □

所以, 整环、除环或者域的特征要么是某个素数, 要么是 ∞.

例 3.3.7 考虑剩余类环 $\mathbb{Z}_n$, 因为单位元 $\bar{1}$ 的阶为 n, 从而 $\mathbb{Z}_n$ 的特征是 n.

例 3.3.8 设 R 是一个特征为素数 p 的环, 如果 $a, b \in R$ 且 $ab = ba$, 那么有 $(a+b)^p = a^p + b^p$, 证明留作习题.

习题 3.3

1. 证明: 子环的交是子环.

2. 设 R 是一个环, $a, b \in R$, 且 $ab = ba$, 且环 R 的特征是素数 p, 则
$$(a+b)^{p^n} = a^{p^n} + b^{p^n}.$$
进一步, 在特征为 p 的交换环中有等式:
$$(x_1 + x_2 + \cdots + x_n)^{p^m} = x_1^{p^m} + x_2^{p^m} + \cdots + x_n^{p^m},$$
其中 m, n 都是正整数.

3. 设 F 是域, $M_n(F)$ 是域上的 n 阶矩阵环, 找出它的中心.

4. 设 R 是一个交换环, $a \in R$, 若存在正整数 m 使得 $a^m = 0$, 则称 a 是幂零元. 证明: 环中幂零元的全体构成一个子环.

5. 设 R 是实数域、复数域或者整数环, $M_n(R)$ 是其矩阵环. 设集合 S 是环 R 的 n 阶上三角矩阵的全体, 证明: S 是 $M_n(R)$ 的子环.

3.4 理　　想

在群论中, 正规子群区别于一般子群的一个显著特征就是它可以构作商群, 理想区别于一般的子环也在于此, 利用理想可以构造商环. 理想由戴德金首次提出, 他开创了理想理论. 理想理论在环论研究中起着极其重要的作用.

3.4.1 概念和性质

定义 3.4.1　设 I 是环 R 的一个非空子集, 若 I 是环 R 的一个子环, 并且满足 $ra \in I$ 对任意的 $r \in R, a \in I$ 成立, 则称 I 是环 R 的一个左理想. 若 $ar \in I$ 对任意的 $r \in R, a \in I$ 成立, 则称 I 是环 R 的一个右理想. 若 I 同时是环 R 的左理想和右理想, 则称之为双边理想, 简称**理想** (ideal), 记为 $I \trianglelefteq R$.

注记 3.4.2　环 R 的一个非空子集 S 是 R 的一个左理想, 当且仅当对任意的 $a, b \in I$ 和 $r \in R$, 都有 $a - b \in I$ 和 $ra \in I$.

根据理想的定义, 不难验证:

命题 3.4.3　当环 R 是含幺环时, 若 I 是其理想, 且单位元 $1 \in I$, 则 $I = R$.

例 3.4.1　$\{0\}$ 和环 R 本身显然是环 R 的理想, 这两个理想称为 R 的平凡理想. 只有平凡理想的环称为**单环** (simple ring), 显然域和除环都是单环.

定义 3.4.4　若存在 $I \trianglelefteq R$ 且 $I \neq R$, 则称 I 是环 R 的一个**真理想** (proper ideal).

例 3.4.2　考虑例 3.1.6 中的环 $\mathbb{Z}_2 + v\mathbb{Z}_2$, 其中 $v^2 = v$, 它的非平凡理想为 $\{0, v\}$ 和 $\{0, 1 + v\}$.

例 3.4.3　考虑环 $\mathbb{Z}_6$, 易见 $\{\bar{0}, \bar{3}\}$ 是 $\mathbb{Z}_6$ 的一个非平凡理想.

命题 3.4.5　设 R 是环, $a \in R$, 则 $Ra = \{ra \mid r \in R\}$ 和 $aR = \{ar \mid r \in R\}$ 分别是环 R 的左、右理想. 当 R 含有单位元时, $a \in aR$ 且 $a \in Ra$.

证明　容易验证 Ra 是子环. 任取 $s, r \in R$, 则 $s(ra) = (sr)a \in Ra$, 所以 Ra 是环 R 的左理想. 同理可得, aR 是环 R 的右理想.　□

定理 3.4.6　设 R 是环, 那么环 R 的左理想 (右理想) 的交仍是一个左理想 (右理想).

证明　以两个理想的交为例. 设 I 和 J 都是左理想, 那么容易验证它们的交 $I \cap J$ 是子环. 任取 $r \in R, a \in I \cap J$, 则 $ra \in I, ra \in J$, 所以 $ra \in I \cap J$, 即 $I \cap J$ 是一个左理想. 同理可证右理想.　□

理想的和与积是两种重要的运算, 在环的分解中起着重要的作用.

定义 3.4.7　设 $S_1, S_2, \cdots, S_m$ 是环 R 的 m 个子集, 那么集合

$$S_1 + S_2 + \cdots + S_m = \left\{ \sum_{i=1}^{m} x_i \,\middle|\, x_i \in S_i \right\},$$

称为子集 $S_1, S_2, \cdots, S_m$ 的和.

定理 3.4.8 环 R 的 m 个理想的和仍是环 R 的一个理想.

证明 对 m 用数学归纳法. 当 $m = 1$ 时, 结论是显然的. 当 $m = 2$ 时, 设 I, J 是环 R 的两个理想, 在 $I + J$ 中任取两个元素 $a_1 + b_1, a_2 + b_2$, 其中 $a_1, a_2 \in I$, $b_1, b_2 \in J$, 那么

$$(a_1 + b_1) - (a_2 + b_2) = (a_1 - a_2) + (b_1 - b_2) \in I + J.$$

对任意的 $r \in R$, 有

$$r(a_1 + b_1) = ra_1 + rb_1 \in I + J,$$

和

$$(a_1 + b_1)r = a_1 r + b_1 r \in I + J,$$

所以和 $I + J$ 是理想.

假设对 $m - 1$ 定理成立, 那么对这 m 个理想中任意的 $m - 1$ 个理想作和, 仿照 $m = 2$ 时的情形, 可得定理成立. 从而, 定理对一般的正整数 m 都成立. □

例 3.4.4 考虑整数环 $\mathbb{Z}$, 容易验证 $6\mathbb{Z}$ 和 $8\mathbb{Z}$ 都是 $\mathbb{Z}$ 的非平凡理想, 那么这两个理想的交为

$$6\mathbb{Z} \cap 8\mathbb{Z} = \{m \mid 6 \text{ 和 } 8 \text{ 都是 } m \text{ 的因子}\} = 24\mathbb{Z}.$$

它们的和为

$$6\mathbb{Z} + 8\mathbb{Z} = \{6m + 8n \mid m, n \in \mathbb{Z}\} = 2\mathbb{Z}.$$

定义 3.4.9 设 I_1 和 I_2 是环 R 的两个理想, 那么集合

$$\left\{ \sum_{i=1}^{n} a_i b_i \;\middle|\; a_i \in I_1, b_i \in I_2, n \text{是某个正整数} \right\}$$

称为理想的**积** (product), 记为 $I_1 I_2$.

容易验证, 理想的积也是理想, 证明留作习题.

定义 3.4.10 设 I_i 是环 R 的理想, $i = 1, 2, \cdots, n$. 若 $R = I_1 + I_2 + \cdots + I_n$, 且对任意的 $r \in R$, 都有

$$r = r_1 + r_2 + \cdots + r_n,$$

其中 $r_i \in I_i$, 并且这种分解是唯一的, 则称 R 是理想 I_i 的**内直和**, 记为 $R = I_1 \oplus I_2 \oplus \cdots \oplus I_n$.

关于理想的内直和, 有如下等价条件.

定理 3.4.11 设 I_i 是环 R 的理想, $i = 1, 2, \cdots, n$, 则环 R 是 $I_1, I_2, \cdots, I_n$ 的内直和当且仅当 $R = I_1 + I_2 + \cdots + I_n$ 且零元的分解唯一.

证明 必要性是显然的, 下证充分性. 设 $r \in R$, 并且

$$r = r_1 + r_2 + \cdots + r_n = s_1 + s_2 + \cdots + s_n,$$

其中 $r_i, s_i \in I_i$, $1 \leqslant i \leqslant n$, 那么

$$(r_1 - s_1) + (r_2 - s_2) + \cdots + (r_n - s_n) = 0.$$

又因为 $r_i - s_i \in I_i$, 根据条件, 零元的分解唯一, 所以, 对任意的 i 恒有 $r_i = s_i$. 因此环中任一元素的分解是唯一的, 所以环 R 是 $I_1, I_2, \cdots, I_n$ 的内直和. □

推论 3.4.12 如果 I_1, I_2 都是环 R 的理想, 并且 $I_1 + I_2 = R$, 则 $R = I_1 \oplus I_2$ 当且仅当 $I_1 \cap I_2 = \{0\}$.

证明 先证明充分性, 若 $0 = r_1 + r_2$, 这里 $r_1 \in I_1, r_2 \in I_2$, 那么 $-r_2 \in I_1$, 从而 $r_2 \in I_1 \cap I_2$. 由条件可知, $r_2 = 0$, 所以 $r_1 = 0$, 根据定理 3.4.11, 有 $R = I_1 \oplus I_2$.

下证必要性, 设 $x \in I_1 \cap I_2$, 那么零元可以分解为 $0 = x + (-x)$. 由定理 3.4.11, 零元的分解唯一, 所以 $x = -x = 0$. 因此, $I_1 \cap I_2 = \{0\}$. □

定理 3.4.13 剩余类环 $\mathbb{Z}_{mn}$ 是其理想 $m\mathbb{Z}_{mn}$ 和 $n\mathbb{Z}_{mn}$ 的内直和的充要条件是正整数 m 和 n 互素.

证明 只有在 m 和 n 互素时, 理想 $m\mathbb{Z}_{mn}$ 和 $n\mathbb{Z}_{mn}$ 的交才是 $\{0\}$, 以及 $1 \in m\mathbb{Z}_{mn} + n\mathbb{Z}_{mn}$, 所以 $\mathbb{Z}_{mn} = m\mathbb{Z}_{mn} \oplus n\mathbb{Z}_{mn}$. □

例 3.4.5 设 $\mathbb{Z}_6 = \{0, 1, 2, 3, 4, 5\}$. 注意到 $2\mathbb{Z}_6$ 和 $3\mathbb{Z}_6$ 都是 $\mathbb{Z}_6$ 的理想, 并且 $2\mathbb{Z}_6 \cap 3\mathbb{Z}_6 = \{0\}$, $2\mathbb{Z}_6 + 3\mathbb{Z}_6 = \mathbb{Z}_6$, 则 $\mathbb{Z}_6 = 2\mathbb{Z}_6 \oplus 3\mathbb{Z}_6$.

3.4.2 主理想

下面我们给出与理想有关的有限生成的概念, 从而探讨包含给定的一些元素的最小的理想的结构.

定义 3.4.14 设 S 是环 R 的一个非空子集, 环 R 中包含 S 的最小理想称为**由集合 S 生成的理想**, 记作 (S). 若 S 是一个有限集, 则称该理想是**有限生成**的. 特别地, 由一个元素生成的理想称为**主理想** (principle ideal).

注记 3.4.15 由于理想的交也是理想, 所以主理想 (a) 是包含 a 的最小的理想.

定理 3.4.16 设 R 是环, $a \in R$, 则主理想 (a) 为

$$(a) = \left\{ ra + as + na + \sum_{i=1}^{m} r_i a s_i \ \middle|\ r, s, r_i, s_i \in R, m \in \mathbb{N}^*, n \in \mathbb{Z} \right\}. \tag{3.3}$$

证明 设

$$I = \left\{ ra + as + na + \sum_{i=1}^{m} r_i a s_i \ \middle|\ r, s, r_i, s_i \in R, m \in \mathbb{N}^*, n \in \mathbb{Z} \right\},$$

那么 I 对减法封闭; 容易验证, 对任意的 $r' \in R, b \in I$, 那么 $br', r'b \in I$, 所以 I 是理想. 又 $a = 1 \cdot a \in I$, 则 $(a) \subseteq I$. 反之, 因为 (a) 是 a 生成的理想, 则 (a) 必定包含元素 ra, as, na, ras 以及它们的和, 所以 $I \subseteq (a)$. 因此, $(a) = I$. □

推论 3.4.17 设 R 是环, $a \in R$, 则

(1) 若 R 含有单位元, 则

$$(a) = \left\{ \sum_{i=1}^{m} r_i a s_i \ \middle|\ r_i, s_i \in R, m \in \mathbb{N}^* \right\};$$

(2) 若 R 可交换, 则

$$(a) = \{ ra + ma \mid r \in R, m \in \mathbb{Z} \};$$

(3) 若 R 含有单位元且可交换, 则

$$(a) = \{ ra \mid r \in R \}.$$

证明 (1) 因为 R 含有单位元 e, 所以 $na = (ne)(ae)$, 且 $ra = rae, as = eas$, 根据定理 3.4.16 中的式 (3.3),

$$(a) = \left\{ \sum_{i=1}^{m} r_i a s_i \ \middle|\ r_i, s_i \in R, m \in \mathbb{N}^* \right\};$$

(2) 由于 R 可交换, 则 $r_i a s_i = (r_i s_i)a$, 所以

$$(a) = \{ ra + ma \mid r \in R, m \in \mathbb{Z} \};$$

(3) 结合前两条即可. □

定义 3.4.18 设 R 是整环, 若环 R 中每个理想都是主理想, 则称这个环是**主理想整环** (principle ideal domain), 简记作 PID.

例 3.4.6 整数环 $\mathbb{Z}$ 的任意一个子环 $k\mathbb{Z} = (k)$ 都是一个主理想, 所以整数环是一个主理想整环.

例 3.4.7 设 $\mathbb{R}[x]$ 是实数域 $\mathbb{R}$ 上的多项式环, 那么所有常数项是 0 的多项式的集合是一个主理想, 且其生成元为 x, 即

$$(x) = \{ xf(x) \mid f(x) \in \mathbb{R}[x] \}.$$

实际上, 域上的多项式环总是主理想整环, 我们将在后续章节证明这个命题.

例 3.4.8 考虑链环 $R = \mathbb{Z}_2 + u\mathbb{Z}_2 + \cdots + u^{k-1}\mathbb{Z}_2$, 其中 $u^k = 0$ 并且 k 是正整数, 求其所有的理想.

解 设环 R 中的元素为 $a_0 + a_1 u + \cdots + a_{k-1} u^{k-1}$, 其中 $a_i \in \mathbb{Z}_2 = \{0, 1\}$, 那么可以验证 (u^i) 是两两不同的理想, 其中 $i = 0, 1, 2, \cdots, k$, 并且理想之间有如下升链

$$(0) = (u^k) \subset (u^{k-1}) \subset (u^{k-2}) \subset \cdots \subset (u) \subset (u^0) = (1). \tag{3.4}$$

事实上, 它们是环 R 上的所有理想 (为什么?). ☐

注记 3.4.19 如果环 R 中的每个理想都是主理想, 并且每个理想都可以按照集合的包含关系构成线性序, 那么这个环就称为链环. 如果环 R 是有限链环, 那么存在元素 $\gamma \in R$ 使得环 R 的所有理想可以排成下列的升链:

$$(0) = (\gamma^e) \subset (\gamma^{e-1}) \subset (\gamma^{e-2}) \subset \cdots \subset (\gamma) \subset R, \tag{3.5}$$

这里 e 是一个正整数.

例 3.4.9 设 $\mathbb{Z}_4[x]$ 是剩余类环 $\mathbb{Z}_4 = \{0, 1, 2, 3\}$ 上的多项式环, 定义

$$I = \{2a_0 + a_1 x + \cdots + a_n x^n \mid a_i \in \mathbb{Z}_4, n \text{ 是正整数}\},$$

则 I 是理想, 但不是主理想.

证明 I 是常数项是 2 或者 0 的多项式的集合, 显然是 $\mathbb{Z}_4[x]$ 的一个理想. 若 I 是主理想, 不妨设其生成元为 $g(x)$, 则

$$(g(x)) = \{2a_0 + a_1 x + \cdots + a_n x^n \mid a_i \in \mathbb{Z}_4, n \text{ 是正整数}\},$$

从而

$$2 \in (g(x)), \quad x \in (g(x)).$$

因此, 存在多项式 $h(x) \in \mathbb{Z}_4[x]$ 使得

$$x = h(x)g(x).$$

考虑到 $h(2) = 2a_1 + 2a_0$ 和 $g(2) = 2b_1 + 2b_0$, 这里 a_1 和 b_1 分别是 $h(x)$ 和 $g(x)$ 的一次项的系数, $2a_0$ 和 $2b_0$ 分别是 $h(x)$ 和 $g(x)$ 的常数项. 从而 $h(2)g(2)$ 只能是 0, 这与

$$2 = h(2)g(2)$$

矛盾, 从而 I 不是主理想. ☐

3.4.3 商环

理想的作用与正规子群的作用类似. 事实上, 如果 $I \triangleleft R$, 那么在加法意义下, R 是一个交换群, 从而 I 是 R 的一个正规子群, 则可以定义商群 R/I, 其中加法定义为

$$(a + I) + (b + I) = (a + b) + I, \quad \forall a, b \in R.$$

若要使得商群 R/I 成为环, 需要在这个商群上定义乘法, 考虑 "最自然" 的乘法, 也就是希望

$$(a+I)(b+I) = ab + I$$

成立. 首先需要验证定义的合理性, 即运算与代表元的选取无关. 若

$$a_1 + I = a_2 + I, \quad b_1 + I = b_2 + I,$$

则由陪集的性质可知

$$a_1 - a_2 \in I, \quad b_1 - b_2 \in I.$$

由于 I 是理想,

$$(a_1 - a_2)b_1 \in I, \quad a_2(b_1 - b_2) \in I,$$

从而

$$(a_1 - a_2)b_1 + a_2(b_1 - b_2) = a_1b_1 - a_2b_2 \in I.$$

因此,

$$a_1b_1 + I = a_2b_2 + I,$$

则

$$(a_1 + I)(b_1 + I) = (a_2 + I)(b_2 + I),$$

说明定义的运算的确与代表元的选取无关, 是一种合理的代数运算.

定理 3.4.20 设 I 是环 R 的一个理想, 那么加法商群 R/I 在乘法

$$(a+I)(b+I) = ab + I$$

意义下构成一个环, 称为环 R 关于理想 I 的**商环** (factor ring). 特别地, 若 R 可交换, 则商环可交换; 若 R 含有单位元 1, 则商环有单位元 $1 + I$.

证明 对于加法而言, R/I 构成一个加群, 那么只需验证 R/I 对乘法满足结合律, 加法和乘法满足两个分配律.

设 $a, b, c \in R$, 那么

$$\begin{aligned}(a+I)\left((b+I) \cdot (c+I)\right) &= (a+I)(bc+I) = a(bc) + I \\ &= (ab)c + I = (ab+I)(c+I) \\ &= \left((a+I) \cdot (b+I)\right)(c+I),\end{aligned}$$

即乘法满足结合律. 此外,

$$\begin{aligned}(a+I)\left((b+I) + (c+I)\right) &= (a+I)(b+c+I) = a(b+c) + I \\ &= (ab+I) + (ac+I) \\ &= (a+I)(b+I) + (a+I)(c+I).\end{aligned}$$

即 R/I 关于加法和乘法满足左分配律, 同理可证右分配律成立. □

注记 3.4.21 当给定环 R 的某个理想 I 后, 若环 R 中的元素 x 和 y 满足

$$x + I = y + I,$$

则称这两个元素模理想 I 同余, 记为 $x \equiv y \pmod{I}$. 根据陪集的性质, 容易验证 $x \equiv y \pmod{I}$ 当且仅当 $x - y \in I$.

例 3.4.10 设 $I = (n)$ 是整数环 $\mathbb{Z}$ 的一个主理想, 那么有商环

$$\mathbb{Z}/(n) \cong \mathbb{Z}_n \text{ 或者 } \mathbb{Z}/n\mathbb{Z} \cong \mathbb{Z}_n.$$

例 3.4.11 考虑链环 $R = \mathbb{Z}_2 + u\mathbb{Z}_2 + \cdots + u^{k-1}\mathbb{Z}_2$, 其中 $u^k = 0$ 并且 k 是正整数, 那么有商环 $R/(u) \cong \mathbb{Z}_2$.

习题 3.4

1. 证明: 两个理想的交、积、和都是理想.

2. 设 I_1 和 I_2 是环 R 的两个理想, 证明: $I_1 I_2 \subseteq I_1 \cap I_2$.

3. 设 I_i 是环 R 的理想, $i \geqslant 1$, 并且 $I_1 \subseteq I_2 \subseteq \cdots \subseteq I_n \subseteq \cdots$, 证明: $\bigcup_{i=1}^{\infty} I_i$ 是理想.

4. 设 I_i 是环 R 的理想, $i = 1, 2, \cdots, n$, 证明: 环 R 是 $I_1, I_2, \cdots, I_n$ 的内直和当且仅当 $R = I_1 + I_2 + \cdots + I_n$ 且对任意的 $1 \leqslant i \leqslant n - 1$ 恒有

$$(I_1 + I_2 + \cdots + I_i) \cap I_{i+1} = \{0\}.$$

5. 设 I_i 是环 R 的理想, $i = 1, 2, \cdots, n$, 证明: 环 R 是 $I_1, I_2, \cdots, I_n$ 的内直和当且仅当 $R = I_1 + I_2 + \cdots + I_n$ 且对任意的 $1 \leqslant i \leqslant n$ 恒有

$$(I_1 + \cdots + I_{i-1} + I_{i+1} + \cdots + I_n) \cap I_i = \{0\}.$$

6. 设环 $R = \mathbb{Z}_p + u\mathbb{Z}_p + \cdots + u^{k-1}\mathbb{Z}_p$, 其中 p 是一个奇素数, $u^k = 0$ 并且 k 是正整数, 求其单位、零因子和理想, 并说明它是链环.

3.5 素理想与极大理想

利用环的理想可以构造商环, 这是一类新环, 它继承了原来环的一些性质, 却又不尽相同. 本节将先介绍两种重要的理想, 即素理想与极大理想, 考察它们对应的商环, 并通过它们来构造整环和域.

3.5.1 素理想

定义 3.5.1 设 P 是交换环 R 的一个理想. 对于任意的 $a, b \in R$, 若 $ab \in P$, 有 $a \in P$ 或 $b \in P$, 则称 P 是环 R 的一个**素理想** (prime ideal).

显然, 环 R 本身是 R 的一个素理想; 零理想 $\{0\}$ 是 R 的素理想当且仅当 R 无零因子.

例 3.5.1 整数环 $\mathbb{Z}$ 的零理想 $\{0\}$ 显然是一个素理想, 因为整数环是整环, 不存在零因子.

例 3.5.2 设 p 是素数, 那么整数环 $\mathbb{Z}$ 的主理想 (p) 是一个素理想.

证明 若 $ab \in (p)$, 有 $p \mid ab$, 从而 $p \mid a$ 或 $p \mid b$, 则 $a \in (p)$ 或者 $b \in (p)$. □

例 3.5.3 设 F 是域, 那么多项式环 $F[x]$ 的主理想 (x) 是一个素理想.

证明 如果 $f(x)g(x) \in (x)$, 有 $x \mid f(x)g(x)$, 从而 $x \mid f(x)$ 或 $x \mid g(x)$, 那么 $f(x) \in (x)$ 或者 $g(x) \in (x)$. □

定理 3.5.2 设环 R 是一个含幺交换环, P 是环 R 的一个理想, 则 P 是素理想当且仅当 R/P 是整环.

证明 设 P 是环 R 的一个素理想, 因为环 R 是一个含幺交换环, 因此商环 R/P 是一个含幺交换环, 且单位元是 $1 + P \neq 0 + P$. 若

$$(a + P)(b + P) = 0 + P,$$

则 $ab \in P$. 又 P 是素理想, 那么 $a \in P$ 或者 $b \in P$. 换言之, $a + P = 0 + P$ 或者 $b + P = 0 + P$. 因此, R/P 是无零因子环, 从而是整环. 反之亦成立. □

例 3.5.4 设 F 是域, 那么 (x) 是多项式环 $F[x]$ 的一个素理想, 因此 $F[x]/(x)$ 是整环.

3.5.2 极大理想

定义 3.5.3 设 M 是环 R 的一个真理想. 对于环 R 的任意一个理想 N, 若 $M \subseteq N \subseteq R$, 有 $N = R$ 或 $N = M$, 则称 M 是环 R 的一个**极大理想** (maximal ideal).

例 3.5.5 设 p 是素数, 那么整数环 $\mathbb{Z}$ 的主理想 (p) 是一个极大理想.

证明 若 (p) 不是极大理想, 则存在一个主理想 I 使得

$$(p) \subset I \text{ 且 } I \neq \mathbb{Z},$$

则在主理想 I 中存在元素 q 使得 q 不是 p 的倍数, 从而 q 与 p 互素, 即存在整数 s, t 使得

$$sp + tq = 1.$$

由于 I 是理想, 所以 $1 \in I$, 即 $I = \mathbb{Z}$, 矛盾, 故 (p) 是极大理想. □

因为素数有无穷多个, 因此整数环有无穷多个极大理想.

例 3.5.6 由例 3.1.6 可知, 环 $\mathbb{Z}_2 + v\mathbb{Z}_2$ 包含两个极大理想 $\{0, v\}$ 和 $\{0, 1+v\}$, 其中 $v^2 = v$.

例 3.5.7 由例 3.4.8 可知, 环 $\mathbb{Z}_2 + u\mathbb{Z}_2 + \cdots + u^{k-1}\mathbb{Z}_2$ 中含有唯一的极大理想 (u), 其中 $u^k = 0$ 且 k 是正整数.

例 3.5.8 类似于例 3.4.8 中的证明可知, 剩余类环 $\mathbb{Z}_{p^m}$ (实际上该环也是一个有限链环) 中含有唯一的极大理想 (p), 其中 p 是一个素数, m 是一个大于等于 2 的正整数. 如果 $m = 1$, 则 $\mathbb{Z}_{p^m}$ 为域, 而域中不存在非平凡的理想.

定理 3.5.4 设环 R 是一个含幺交换环, M 是环 R 的一个理想, 那么 M 是极大理想当且仅当 R/M 是域.

证明 设 M 是环 R 的一个极大理想. 取 $a \notin M$ 且 $a \in R$, 则集合

$$J = \{ar + m \mid r \in R, m \in M\}$$

是环 R 的一个理想. 显然 $M \subset J$, 那么 $J = R$. 注意到, 存在元素 $r \in R, m \in M$ 使得 $ar + m = 1$, 那么

$$(a + M)(r + M) = ar + M = (1 - m) + M = 1 + M$$

即 $a + M(\neq 0 + M)$ 在商环 R/M 中有逆元. 因此, R/M 是域.

反过来, 若 R/M 是域, 设 J 是环 R 的一个理想, 且 $M \subset J$. 当 $a \in J$ 且 $a \notin M$ 时, 剩余类 $a + M$ 有可逆元, 从而存在 $r \in R$ 使得

$$(a + M)(r + M) = 1 + M.$$

特别地, 存在 $m \in M$ 使得 $ar + m = 1$. 由于 J 是理想, 那么 $1 \in J$, 则 $R = (1) \subseteq J$, 即 $J = R$. 因此, M 是极大理想. □

推论 3.5.5 含幺交换环的极大理想都是素理想.

证明 设 I 是含幺交换环 R 的一个极大理想, 根据定理 3.5.4, R/I 是域, 当然是整环, 结合定理 3.5.2, 理想 I 是素理想. □

推论 3.5.6 剩余类环 $\mathbb{Z}_p$ 是域, 这里 p 是素数.

注记 3.5.7 含幺交换环的素理想未必是极大理想. 考虑 $\mathbb{Z}[x]$ 的主理想 (x). 如果 $f(x)g(x) \in (x)$, 有 $f(0)g(0) = 0$, 从而 $f(0) = 0$ 或 $g(0) = 0$, 那么 $x \mid f(x)$ 或 $x \mid g(x)$, 因此 $f(x) \in (x)$ 或者 $g(x) \in (x)$, 即 (x) 是素理想. 但 (x) 显然不是极大理想, 因为它是理想 $(2, x)$ 的子集.

习题 3.5

1. 说明 $(1 + i)$ 是高斯整数环 $\mathbb{Z}[i]$ 的极大理想.
2. 有限含幺交换环的素理想都是极大理想.
3. 说明 $(2, x)$ 是整数多项式环 $\mathbb{Z}[x]$ 的一个极大理想, 而 (x) 不是极大理想.

4. 考虑整数环上的二阶方阵环 $M_2(\mathbb{Z})$, 这个环中包含矩阵

$$\begin{pmatrix} 1 & 0 \\ 0 & 0 \end{pmatrix}$$

的极大理想是否存在?

3.6 环的同态与同构

与群的同态与同构概念相对应, 本节将讨论环的同态与同构, 这是研究环论的重要工具.

3.6.1 环的同态与同构的概念

定义 3.6.1 设 R 和 S 是两个环, 映射 $f: R \to S$ 对任意的 $a, b \in R$, 满足

$$f(a+b) = f(a) + f(b)$$

和

$$f(ab) = f(a)f(b),$$

则称 f 为环 R 到环 S 的一个**同态映射** (homomorphism). 特别地,

(1) 若 f 是单射, 则称为**单同态** (monomorphism);

(2) 若 f 是满射, 则称为**满同态** (epimorphism), 这时称环 R 和 S 同态, 记为 $R \sim S$;

(3) 若 f 是双射, 则称为**同构** (isomorphism), 此时称这两个环是同构的, 记为 $R \cong S$;

(4) 若 $R = S$, 则它们之间的同构称为**自同构** (automorphism).

例 3.6.1 设 ϕ 是从环 R 到环 R' 的映射, 且对任意的 $r \in R$, $\phi(r) = 0_{R'} \in R'$. 显然这是一个同态映射, 称为**零同态** (zero homomorphism).

例 3.6.2 设 ψ 是从 $\mathbb{Z}$ 到 $\mathbb{Z}_n$ 的映射, 且对任意的 $x \in \mathbb{Z}$, $\psi(x) = \bar{x}$. 证明这是一个同态满射.

证明 满射是显然的, 下证同态. 只需验证:

$$\psi(x+y) = \overline{x+y} = \bar{x} + \bar{y} = \psi(x) + \psi(y),$$
$$\psi(xy) = \overline{xy} = \bar{x} \cdot \bar{y} = \psi(x) \cdot \psi(y).$$

因此, ψ 是环同态. □

这个例子说明从无零因子环到有零因子环是可以存在满同态的. 反之, 从有零因子环到无零因子环也可能存在满同态.

例 3.6.3 设 R 是一个无零因子环, 在笛卡儿乘积 $R \times R$ 上定义运算:

$$(x_1, y_1) + (x_2, y_2) = (x_1 + y_1, x_2 + y_2),$$

$$(x_1, y_1) \cdot (x_2, y_2) = (x_1 \cdot y_1, x_2 \cdot y_2),$$

验证 $(R \times R, +, \cdot)$ 是一个有零因子环. 定义映射:

$$\pi_1 : R \times R \longrightarrow R;$$

$$(x, y) \longmapsto x,$$

证明 π_1 是一个同态满射, 称之为投射.

证明 不难验证 $(R \times R, +, \cdot)$ 的确是一个环. 考虑到

$$(a, 0) \cdot (0, b) = (0, 0),$$

这个环含有零因子. 容易验证 π_1 是同态满射. □

根据环同态的定义, 容易得到与环同态的代数系统也是一个环, 即

定理 3.6.2 设 $(R, +, \cdot)$ 是一个环, $\oplus$ 和 $\circ$ 是定义在非空集合 R' 上的两个代数运算. 若存在从 R 到 R' 的满同态, 则 $(R', \oplus, \circ)$ 是环.

类似群的同态, 环的同态有以下性质.

定理 3.6.3 设 R 和 S 是两个环, $f : R \to S$ 是一个同态映射且 $a \in R$, 则

(1) f 将零元映为零元, 即 $f(0_R) = 0_S$;

(2) 负元的像是像的负元, 即 $f(-a) = -f(a)$;

(3) 若 f 是满射且 R 有单位元 1, 则 $f(1)$ 是 S 的单位元;

(4) 若 f 是满射且 R 有单位元 1, a 可逆, 则 $f(a)$ 可逆, 且逆元是 $f(a^{-1})$.

证明 因为 f 保持加法, 两个环在加群的意义下是同态的, 所以 (1) 和 (2) 是显然成立的. 对于 (3), 由于映射 f 是同态满射, 则对任意的 $b \in S$, 存在 $a \in R$ 使得 $f(a) = b$, 且

$$f(1)b = f(1)f(a) = f(1a) = f(a) = b,$$

类似可以验证 $bf(1) = b$, 所以 $f(1)$ 是 S 的单位元. 关于 (4), 由 (3) 以及映射是同态保证. □

定义 3.6.4 设 R 和 S 是两个环, 映射 $f : R \to S$ 是同态映射, 称集合

$$\{a \in R \mid f(a) = 0_S\}$$

为映射 f 的**核** (kernel), 记作 $\mathrm{Ker}f$; 称集合

$$\{f(a) \mid a \in R\}$$

为映射 f 的**像** (image), 记作 $\mathrm{Im}f$.

注记 3.6.5 同态映射 f 是单射当且仅当 $\mathrm{Ker} f = \{0\}$. 事实上,

$$f(x) - f(y) = f(x - y) = 0_S \Leftrightarrow x - y \in \mathrm{Ker} f.$$

3.6.2 环的同态与同构定理

首先介绍最重要的**环同态基本定理**, 又称第一同构定理.

定理 3.6.6 (第一同构定理) 若 R 与 S 是两个环, 并且 $R \sim S$, 则

(1) 同态的核 N 是 R 的一个理想;

(2) $R/N \cong S$.

证明 设映射 $f : R \to S$ 是一个同态满射.

(1) 对任意的 $a, b \in N = \mathrm{Ker} f$ 以及 $r \in R$, 有 $f(a) = 0_S$, $f(b) = 0_S$, 则

$$f(a - b) = f(a) - f(b) = 0_S - 0_S = 0_S,$$

从而 $a - b \in \mathrm{Ker} f$. 又

$$f(ar) = f(a)f(r) = 0_S \cdot f(r) = 0_S,$$
$$f(ra) = f(r)f(a) = f(r) \cdot 0_S = 0_S.$$

从而 $ar, ra \in \mathrm{Ker} f$, 即 $\mathrm{Ker} f$ 是环 R 的理想.

(2) 定义映射

$$\varphi : R/\mathrm{Ker} f \longrightarrow S;$$
$$a + \mathrm{Ker} f \longmapsto f(a).$$

根据群同态基本定理, 在加法运算下, 它是 $R/\mathrm{Ker} f$ 到 S 的群同构. 由 $N = \mathrm{Ker} f$,

$$\varphi((a + N)(b + N)) = \varphi(ab + N) = f(ab) = f(a)f(b)$$
$$= \varphi(a + N)\varphi(b + N),$$

也就是说 φ 保持乘法运算, 从而它是从 $R/\mathrm{Ker} f$ 到 S 的环同构. $\square$

定理 3.6.7 (第二同构定理) 如果 I 和 J 都是环 R 的理想, 那么有环同构

$$I/(I \cap J) \cong (I + J)/J.$$

证明 容易验证 $I + J$ 是 R 的子环, J 是 $I + J$ 的理想. 定义映射

$$\varphi : I \longrightarrow (I + J)/J; \quad a \longmapsto a + J.$$

在加群意义下, 这是满同态. 事实上,

$$\varphi(ab) = ab + J = (a + J)(b + J) = \varphi(a)\varphi(b),$$

又 $\operatorname{Ker}\varphi = I \cap J$, 所以 $I \cap J$ 是 R 的理想, 由第一同构定理知

$$I/(I \cap J) \cong (I + J)/J. \qquad \square$$

下述定理与群的第三同构定理的证明类似, 留作习题.

定理 3.6.8 (第三同构定理)   如果 I 和 J 都是环 R 的理想, 且 I 是 J 的理想, 那么有环同构

$$(R/I)\big/(J/I) \cong R/J.$$

3.6.3 环同态的应用

之前, 我们根据环的定义证明了一个环关于它的理想作成的陪集是一个商环, 下面我们用同态重新证明这个基本事实.

定理 3.6.9   如果 I 是环 R 的一个理想, 那么商群 R/I 在加法和乘法下作成一个环.

证明   设 φ 是从 R 到 R/I 的映射, 且 $\varphi(a) = a + I$, 对加法而言, 这是一个自然的群同态, 下面只需证明 φ 保持乘法运算. 事实上,

$$\varphi(ab) = ab + I = (a + I)(b + I) = \varphi(a)\varphi(b).$$

所以 φ 是从环 R 到商群 R/I 的同态满射, 由定理 3.6.2, 商群 R/I 关于加法和乘法构成一个环. $\qquad \square$

上面的同态映射 φ 称为环 R 到商环 R/I 的自然环同态.

定理 3.6.10   若 S 是环 R 的一个子环, $S \cong \overline{S}$, 且 $\overline{S}$ 与 S 在环 R 中的差集 $R \setminus S$ 无公共元素, 则存在环 $\overline{R}$ 使得环 $\overline{S}$ 是 $\overline{R}$ 的子环, 且 $R \cong \overline{R}$.

证明   设 $\varphi : S \to \overline{S}$ 是环同构, 且 $\varphi(x) = \bar{x}$, $x \in S$. 设 $S = \{a, b, \cdots\}$, $\overline{S} = \{\bar{a}, \bar{b}, \cdots\}$, 以及 $R \setminus S = \{u, v, \cdots\}$, 则

$$R = S \cup (R \setminus S) = \{a, b, \cdots\} \cup \{u, v, \cdots\}.$$

令

$$\overline{R} = \overline{S} \cup (R \setminus S) = \{\bar{a}, \bar{b}, \cdots\} \cup \{u, v, \cdots\},$$

定义 $\psi(x) = \varphi(x) = \bar{x}$, $x \in S$ 以及 $\psi(y) = y$, $y \in R \setminus S$, 那么这是从 R 到 $\overline{R}$ 的双射. 在 $\overline{R}$ 中规定运算

$$a' + b' = c' \quad (\text{若 } a + b = c),$$

$$a'b' = d' \quad (\text{若 } ab = d),$$

其中, $a', b' \in \overline{R}$, 而 a, b, c, d 分别是 a', b', c', d' 的原像. 容易验证, 这两种运算的确是 $\overline{R}$ 上的代数运算, 并且映射 ψ 是环 R 到 $\overline{R}$ 的同构映射. 由定理 3.6.2, $\overline{R}$ 是环, 并且 $R \cong \overline{R}$. 此外, ψ 保持了环 $\overline{S}$ 与 S 之间的同构, 也保持了环 $\overline{S}$ 上的运算, 所以, 环 $\overline{S}$ 是 $\overline{R}$ 的子环. □

通过证明, 容易看出, 环 $\overline{R}$ 是先在环 R 中挖去环 S, 再补上环 $\overline{S}$ 得到, 所以定理 3.6.10 常被称为 **挖补定理**; 这个过程也常称为将 S 嵌入到 $\overline{R}$ 中. 另一方面, 它可以将一个已知的环扩充为某一具有特定性质的环, 所以定理 3.6.10 也被称为 **环的扩张定理**.

例 3.6.4　设 R 是一个没有单位元的环, 那么环 R 总可以嵌入到某个含幺环 R' 中, 使得 R 是 R' 的子环.

证明　定义集合 $S' = \{(n, x) \mid n \in \mathbb{Z}, x \in R\}$, 对任意的 $(n, x), (m, y) \in S'$, 约定

$$(n, x) + (m, y) = (n + m, x + y),$$

$$(n, x) \cdot (m, y) = (nm, ny + mx + xy),$$

则 S' 关于这两种运算作成一个环. 容易验证元素 $(1, 0)$ 是 S' 的单位元, 所以环 S' 是含幺环.

对任意的 $x \in R$, 定义映射 $\varphi : R \to S'$, 且 $\varphi(x) = (0, x)$, 所以映射 φ 是从 R 到 S' 的单同态. 显然, R 与 S' 没有公共元, 从而由定理 3.6.10, 必然存在环 R 的扩张 R' 使得 $R' \cong S'$. 由于 S' 是含幺环, 则 R' 是含幺环. □

习题 3.6

1. 设 R 是整环, 证明:
(1) 若 $\operatorname{char} R = \infty$, 则 R 有子环与整数环 $\mathbb{Z}$ 同构;
(2) 若 $\operatorname{char} R = p$, 则 R 有子环与剩余类环 $\mathbb{Z}_p$ 同构.
2. 证明: $\mathbb{R} \cong \mathbb{R}[x]/(x)$.
3. 证明: $\mathbb{C} \cong \mathbb{R}[x]/(x^2 + 1)$.
4. 证明: 定理 3.6.8 是成立的.
5. 证明: 有单位元的环不能与没有单位元的环同构.
6. 证明: 若两个环同构, 则这两个环中的零因子相对应.

3.7 　 直和与分解

3.7.1 　 直和

在定义 3.4.10 中, 我们给出了内直和的定义, 下面我们给出外直和的定义.

定义 3.7.1 　 设 $(R, +, \cdot)$ 与 $(S, \oplus, \circ)$ 是两个环. 在笛卡儿乘积 $R \times S$ 上定义新的运算:

$$(r_1, s_1) \star (r_2, s_2) = (r_1 + r_2, s_1 \oplus s_2),$$

$$(r_1, s_1) * (r_2, s_2) = (r_1 \cdot r_2, s_1 \circ s_2),$$

则称 $(R \times S, \star, *)$ 为环 $(R, +, \cdot)$ 与 $(S, \oplus, \circ)$ 的**直积** (direct product). 有时, 也称为外直和.

根据环的定义, 不难证明:

命题 3.7.2 　 环的直积是环.

反之, 一个环是否是某些环的直积呢?

例 3.7.1 　 考虑环 $\mathbb{Z}_2$ 与环 $\mathbb{Z}_3$ 的直积 $\mathbb{Z}_2 \times \mathbb{Z}_3$, 则根据直积的定义, 可以得到表 3.7 和表 3.8. 设

$$\mathbb{Z}_6 = \{[0], [1], [2], [3], [4], [5]\},$$

定义映射

$$\varphi: \mathbb{Z}_6 \longrightarrow \mathbb{Z}_2 \times \mathbb{Z}_3; \quad \varphi([x]) = ([x]_2, [x]_3),$$

其中 $[x]_2 \equiv x \pmod 2, [x]_3 \equiv x \pmod 3$. 容易验证 φ 的确是一个环同构, 即 $\mathbb{Z}_2 \times \mathbb{Z}_3 \cong \mathbb{Z}_6$.

表 3.7 　 $\mathbb{Z}_2 \times \mathbb{Z}_3$ 上的加法

$\star$	$(0,0)$	$(0,1)$	$(0,2)$	$(1,0)$	$(1,1)$	$(1,2)$
$(0,0)$	$(0,0)$	$(0,1)$	$(0,2)$	$(1,0)$	$(1,1)$	$(1,2)$
$(0,1)$	$(0,1)$	$(0,2)$	$(0,0)$	$(1,1)$	$(1,2)$	$(1,0)$
$(0,2)$	$(0,2)$	$(0,0)$	$(0,1)$	$(1,2)$	$(1,0)$	$(1,1)$
$(1,0)$	$(1,0)$	$(1,1)$	$(1,2)$	$(0,0)$	$(0,1)$	$(0,2)$
$(1,1)$	$(1,1)$	$(1,2)$	$(1,0)$	$(0,1)$	$(0,2)$	$(0,1)$
$(1,2)$	$(1,2)$	$(1,0)$	$(1,1)$	$(0,2)$	$(0,0)$	$(0,1)$

表 3.8 　 $\mathbb{Z}_2 \times \mathbb{Z}_3$ 上的乘法

$*$	$(0,0)$	$(0,1)$	$(0,2)$	$(1,0)$	$(1,1)$	$(1,2)$
$(0,0)$	$(0,0)$	$(0,0)$	$(0,0)$	$(0,0)$	$(0,0)$	$(0,0)$
$(0,1)$	$(0,0)$	$(0,1)$	$(0,2)$	$(0,0)$	$(0,1)$	$(0,2)$
$(0,2)$	$(0,0)$	$(0,2)$	$(0,1)$	$(0,0)$	$(0,2)$	$(0,1)$
$(1,0)$	$(0,0)$	$(0,0)$	$(0,0)$	$(1,0)$	$(1,0)$	$(1,0)$
$(1,1)$	$(0,0)$	$(0,1)$	$(0,2)$	$(1,0)$	$(1,1)$	$(1,2)$
$(1,2)$	$(0,0)$	$(0,2)$	$(0,1)$	$(1,0)$	$(1,2)$	$(1,1)$

实际上, 对于一般互素的两个正整数 m 和 n, 有:

定理 3.7.3 $\mathbb{Z}_m \times \mathbb{Z}_n \cong \mathbb{Z}_{mn}$ 当且仅当正整数 m 和 n 互素.

证明 定义映射

$$\varphi : \mathbb{Z}_{mn} \longrightarrow \mathbb{Z}_m \times \mathbb{Z}_n;$$

$$[x]_{mn} \longmapsto ([x]_m, [x]_n),$$

其中 $[x]_k$ 表示模 k 的同余类, 显然这个映射是双射.

容易验证 $([1]_m, [1]_n)$ 是 $\mathbb{Z}_m \times \mathbb{Z}_n$ 的乘法单位元. 由于 m 和 n 互素, 那么在加法意义下, $([1]_m, [1]_n)$ 的阶是 mn, 与加群 $\mathbb{Z}_m \times \mathbb{Z}_n$ 的大小相同, 所以这是一个阶为 mn 的循环群, 因此在加法意义下, 加群 $\mathbb{Z}_m \times \mathbb{Z}_n$ 与 $\mathbb{Z}_{mn}$ 同构. 又因为 φ 是生成元到生成元的映射, 所以是同构映射.

关于乘法, 有

$$\varphi([x]_{mn} \cdot [y]_{mn}) = \varphi([xy]_{mn}) = ([xy]_m, [xy]_n)$$
$$= ([x]_m, [x]_n) \cdot ([y]_m, [y]_n) = \varphi([x]_{mn}) \cdot \varphi([y]_{mn}),$$

所以, 映射 φ 保持乘法运算. 因此, φ 是环同构, 且 $\mathbb{Z}_m \times \mathbb{Z}_n \cong \mathbb{Z}_{mn}$.

反之, 若整数 m 和 n 不互素, 则在加法意义下, 这两个群不同构, 因为直积中的单位元的阶不是 mn. □

推论 3.7.4 设 $n = p_1^{n_1} \cdots p_r^{n_r}$ 是 r 个不同素数方幂 $q_i = p_i^{n_i}$ 的乘积, 则有环同构

$$\mathbb{Z}_n \cong \mathbb{Z}_{q_1} \times \mathbb{Z}_{q_2} \times \cdots \times \mathbb{Z}_{q_r}.$$

之前, 我们已经验证了 $\mathbb{Z}_2 \times \mathbb{Z}_3 \cong \mathbb{Z}_6 = 2\mathbb{Z}_6 \oplus 3\mathbb{Z}_6$, 注意到 $2\mathbb{Z}_6 \cong \mathbb{Z}_3$ 且 $3\mathbb{Z}_6 \cong \mathbb{Z}_2$, 同构映射分别是 $f : \mathbb{Z}_3 \to 2\mathbb{Z}_6$ 和 $g : \mathbb{Z}_2 \to 3\mathbb{Z}_6$, 其中

$$f(0) = 0, \quad f(1) = 4, \quad f(2) = 2$$

以及

$$g(0) = 0, \quad g(1) = 3.$$

这启发我们, 内直和与外直和有着某种联系! 事实上, 它们可以统一.

定理 3.7.5 如果环 R 是其理想 $I_1, \cdots, I_n$ 的内直和, 那么有环同构 $R \cong I_1 \times \cdots \times I_n$. 反之, 如果 $R = R_1 \times \cdots \times R_n$, 其中 R_i 是环, 那么存在 R 的理想 I_i 使得 $I_i \cong R_i$, 并且 R 是 $I_1, \cdots, I_n$ 的内直和.

证明 (1) 设环 R 是其理想 $I_1, \cdots, I_n$ 的内直和, 定义映射 $f : R \to I_1 \times \cdots \times I_n$. 注意到对任意的 $r \in R$, 有唯一的分解 $r = r_1 + \cdots + r_n$, 其中 $r_i \in I_i$, 那么令

$$f(r) = (r_1, r_2, \cdots, r_n).$$

显然, 映射 f 保持加法, 并且是一个双射, 因为环 R 是其理想 $I_1, \cdots, I_n$ 的内直和. 由习题 3.4 的第 5 题可得, 当 $i \neq j$ 时, $I_i \cap I_j = \{0\}$, 那么 $r_i s_j = 0$. 又

$$(r_1 + \cdots + r_n)(s_1 + \cdots + s_n) = \sum_{1 \leqslant i,j \leqslant n} r_i s_j = \sum_{1 \leqslant i \leqslant n} r_i s_i,$$

因此, f 保持乘法:

$$f(rs) = f\left((r_1 + \cdots + r_n)(s_1 + \cdots + s_n)\right) = f(r_1 s_1 + \cdots + r_n s_n) = f(r)f(s).$$

故, f 是环同构, 并且有 $R \cong I_1 \times \cdots \times I_n$.

(2) 令 $I_i = \{(0, \cdots, 0, x_i, 0, \cdots, 0) \mid x_i \in R_i\}$. 容易验证 I_i 是环 R 的理想. 显然, $R = I_1 + I_2 + \cdots + I_n$, 注意到 $R_i \cong I_i$ 以及 $R = R_1 \times \cdots \times R_n$, 那么环 R 中的任意元素在各理想中的分解都是唯一的. 所以, R 是 $I_1, \cdots, I_n$ 的内直和. $\qquad \square$

由于内、外直和的统一, 今后不再区分内、外直和, 统称为直和.

3.7.2   中国剩余定理

定义 3.7.6 设 a, b 都是整数, n 是正整数, 那么当 $a \not\equiv 0 \pmod n$ 时, 式

$$ax \equiv b \pmod n$$

称为模 n 的一次同余式或同余方程.

注记 3.7.7 由同余式的定义可知, $ax \equiv b \pmod n$ 有解当且仅当方程 $ax + ny = b$ 有整数解.

命题 3.7.8 方程 $ax + ny = b$ 有整数解当且仅当

$$\gcd(a, n) \mid b.$$

证明 若 $\gcd(a, n) \mid b$, 则存在整数 k 使得

$$b = k \gcd(a, n).$$

又存在整数 s, t 使得

$$as + nt = \gcd(a, n),$$

则

$$ask + ntk = k \gcd(a, n) = b.$$

显然,

$$x = sk, \quad y = tk$$

是方程 $ax + ny = b$ 的解. 必要性是显然的. $\qquad \square$

推论 3.7.9 设 p 是素数, 则同余方程 $ax \equiv b \pmod{p}$ 存在唯一解.

例 3.7.2 同余方程组

$$\begin{cases} x \equiv 5 \pmod{7}, \\ x \equiv 4 \pmod{6} \end{cases} \tag{3.6}$$

存在解.

证明 根据定理 3.7.3, 有环同构

$$\mathbb{Z}_{42} \cong \mathbb{Z}_7 \times \mathbb{Z}_6,$$

保持定理 3.7.3 中的符号, 那么 x_0 是同余方程组的解当且仅当

$$\varphi([x_0]_{42}) = ([x_0]_7, [x_0]_6).$$

由于映射 φ 是同构, 那么同余方程组有解. □

一般地, 如果 $m_1, m_2, \cdots, m_r$ 是 r 个两两互素且大于 1 的整数, 那么如何求解同余方程组 (3.7) 呢?

$$\begin{cases} x \equiv a_1 \pmod{m_1}, \\ x \equiv a_2 \pmod{m_2}, \\ \qquad \cdots\cdots \\ x \equiv a_r \pmod{m_r}. \end{cases} \tag{3.7}$$

定理 3.7.10 设 $m_1, m_2, \cdots, m_r$ 是 r 个两两互素且大于 1 的整数, 令

$$M = m_1 m_2 \cdots m_r, M_i = M/m_i, \quad i = 1, 2, \cdots, r.$$

如果同余方程 $M_i y \equiv 1 \pmod{m_i}$ 有解 $y \equiv b_i \pmod{m_i}, i = 1, 2, \cdots, r$. 那么同余方程组 (3.7) 的解是

$$x \equiv \sum_{i=1}^{r} M_i b_i a_i \pmod{M}.$$

证明 由于 $m_1, m_2, \cdots, m_r$ 两两互素, $M_i = M/m_i$, 那么

$$\gcd(M_i, m_i) = 1,$$

从而存在整数 b_i, t_i 使得

$$b_i M_i + t_i m_i = 1,$$

因此,

$$b_i M_i \equiv 1 \pmod{m_i}.$$

另一方面, 由于 $M_i = M/m_i$, 以及 $m_i \mid M_j (i \neq j)$, 从而

$$M_j \equiv 0 \pmod{m_i}, \quad i \neq j.$$

故

$$a_j b_j M_j \equiv 0 \pmod{m_i}, \quad i \neq j.$$

所以

$$\sum_{j=1}^{r} a_j b_j M_j \equiv a_i b_i M_i \equiv a_i \pmod{m_i}, \quad i \neq j.$$

因此

$$x \equiv \sum_{j=1}^{r} a_j b_j M_j \pmod{M}$$

是要求的解. □

注记 3.7.11 定理 3.7.10 称为**中国剩余定理**, 源自于《孙子算经》一书中的同余方程组

$$\begin{cases} x \equiv 2 \pmod{3}, \\ x \equiv 3 \pmod{5}, \\ x \equiv 2 \pmod{7} \end{cases} \tag{3.8}$$

的求解.

在一般的含幺交换环上, 同样可以存在同余方程组 (3.7), 只是模的是一个理想. 类似地, 我们给出下述引理, 证明类似于定理 3.7.10, 留作习题.

引理 3.7.12 设 I_i 是含幺交换环 R 的理想, $i = 1, 2, \cdots, n$, 并且当 $i \neq j$ 时, 有 $I_i + I_j = R$. 给定元素 $x_i \in R$, $i = 1, 2, \cdots, n$, 那么在环 R 中存在元素 x 使得同余关系

$$x \equiv x_i \pmod{I_i}$$

对所有的 i 恒成立.

仿照定理 3.7.10, 我们给出一般的含幺环上的中国剩余定理.

定理 3.7.13 设 I_i 是含幺环 R 的理想, $i = 1, 2, \cdots, n$, 并且当 $i \neq j$ 时, 有 $I_i + I_j = R$, 那么存在环同构

$$R/I \cong R/I_1 \times R/I_2 \times \cdots \times R/I_n,$$

其中 $I = I_1 \cap I_2 \cap \cdots \cap I_n$.

证明 首先定义映射

$$\varphi : R/I \longrightarrow R/I_1 \times R/I_2 \times \cdots \times R/I_n;$$
$$r + I \longmapsto (r + I_1, r + I_2, \cdots, r + I_n).$$

容易验证映射 φ 是合理的, 即与代表元的选取无关, 而且是环同态.

显然 $\mathrm{Ker}\varphi = \{0 + I\}$, 从而映射是单射, 下证映射是满的. 在集合 $R/I_1 \times R/I_2 \times \cdots \times R/I_n$ 中任取元素 $(a_1 + I_1, a_2 + I_2, \cdots, a_n + I_n)$, 其中 $a_i \in R$. φ 是满射当且仅当存在 $r \in R$ 使得

$$(r + I_1, r + I_2, \cdots, r + I_n) = (a_1 + I_1, a_2 + I_2, \cdots, a_n + I_n).$$

等价地, 同余关系 $r \equiv a_i \pmod{I_i}$ 对任意的 i 成立. 由引理 3.7.12 可得, 这样的 r 是存在的, 所以 φ 是同构映射. □

习题 3.7

1. 如果同余方程 $ax \equiv b \pmod{n}$ 有解, 那么它在剩余类环 $\mathbb{Z}_n$ 中有 $\gcd(a,n)$ 个不同的解.

2. 求解同余方程组 (3.6) 和 (3.8).

3. 利用定理 3.7.3 及其推论说明定理 3.7.10 中的解在模 M 的意义下是唯一的.

4. 设 I_i 是含幺交换环 R 的理想, $i = 1, 2, \cdots, n$, 并且当 $i \neq j$ 时, 有 $I_i \oplus I_j = R$. 给定元素 $x_i \in R$, $i = 1, 2, \cdots, n$, 那么在环 R 中存在元素 x 使得同余关系

$$x \equiv x_i \pmod{I_i}$$

对所有的 i 恒成立.

3.8 分 式 域

我们知道, 环 R 对加法和乘法是封闭的, 对形如 $a - b$ 的减法也是封闭的, 其中 $a, b \in R$. 但 R 中不一定存在 "除法", 因为并非每个非零元都可逆, 那么是否存在某个域, 使得该环是域的子环呢? 显然, 对于非交换环和有零因子环, 不存在这样的域, 但对于整环而言, 可以将其扩成域.

定理 3.8.1 设 R 是整环, 那么存在域 F 使得环 R 与域 F 的子环 $\overline{R}$ 同构.

证明　**第一步**　定义集合

$$R \times R^* = \{(a, b) \mid a, b \in R, b \neq 0\}$$

与关系

$$(a, b) \sim (c, d) \Leftrightarrow ad = bc.$$

下面证明 "$\sim$" 是等价关系.

    (1) 由于 $ab = ba$, 所以 $(a,b) \sim (a,b)$;

    (2) 若 $(a,b) \sim (c,d)$, 则 $ad = bc$, 则 $cb = da$, 从而 $(c,d) \sim (a,b)$;

    (3) 若 $(a,b) \sim (c,d)$ 且 $(c,d) \sim (e,f)$, 则 $ad = bc$ 且 $cf = de$, 从而

$$(af - be)d = (ad)f - b(ed) = bcf - bcf = 0.$$

由于 R 是整环, 无零因子, 所以 $af = be$, 即 $(a,b) \sim (e,f)$.

    因此, "$\sim$" 是等价关系.

    第二步　用 $\dfrac{a}{b}$ 表示包含 (a,b) 的等价类, 令 F 是这个等价关系下所有等价类的集合, 也就是说

$$F = \left\{ \frac{a}{b} \ \middle| \ a,b \in R, b \neq 0 \right\}. \tag{3.9}$$

在 F 中定义加法 "+" 和乘法 "$\cdot$" 满足

$$\frac{a}{b} + \frac{c}{d} = \frac{ad + bc}{bd}, \quad \frac{a}{b} \cdot \frac{c}{d} = \frac{ac}{bd}.$$

定义运算之后, 需要验证定义的合理性.

    由于 R 是整环, 无零因子, 即 $b \neq 0$ 且 $d \neq 0$, 那么 $bd \neq 0$. 因此

$$\frac{a}{b} + \frac{c}{d}, \quad \frac{a}{b} \cdot \frac{c}{d} \in F,$$

即集合 F 对运算封闭. 若 $\dfrac{a}{b} = \dfrac{a_1}{b_1}$, $\dfrac{c}{d} = \dfrac{c_1}{d_1}$, 则 $ab_1 = a_1 b$ 且 $cd_1 = c_1 d$, 于是

$$(ad + bc)(b_1 d_1) = (adb_1 d_1) + (bcb_1 d_1) = (ab_1)(dd_1) + (bb_1)(cd_1)$$
$$= (a_1 b)(dd_1) + (bb_1)(c_1 d) = (a_1 d_1)(bd) + (b_1 c_1)bd$$
$$= (a_1 d_1 + b_1 c_1)bd.$$

因此,

$$\frac{ad + bc}{bd} = \frac{a_1 d_1 + b_1 c_1}{b_1 d_1}.$$

此外, $ab_1 cd_1 = a_1 bc_1 d$, 所以 $(ac)(b_1 d_1) = (a_1 c_1)(bd)$, 即

$$\frac{ac}{bd} = \frac{a_1 c_1}{b_1 d_1}.$$

这表明, 无论是加法还是乘法, 运算的结果与代表元的选取无关, 从而定义是合理的.

    第三步　下证 F 关于加法构成加群.

(1) 容易验证加法可交换, 即

$$\frac{a}{b} + \frac{c}{d} = \frac{c}{d} + \frac{a}{b};$$

(2) 考虑到

$$\frac{a}{b} + \left(\frac{c}{d} + \frac{e}{f}\right) = \frac{a}{b} + \frac{cf + de}{df} = \frac{adf + bcf + bde}{bdf}$$

和

$$\left(\frac{a}{b} + \frac{c}{d}\right) + \frac{e}{f} = \frac{ad + bc}{bd} + \frac{e}{f} = \frac{adf + bcf + bde}{bdf},$$

从而加法满足结合律;

(3) 由于

$$\frac{0}{b} + \frac{c}{d} = \frac{bc}{bd} = \frac{c}{d},$$

所以 $\frac{0}{b}$ 是零元;

(4) 由于

$$\frac{-a}{b} + \frac{a}{b} = \frac{0}{b},$$

所以 $\frac{-a}{b}$ 是 $\frac{a}{b}$ 的负元.

第四步 下证 F 的非零元关于加法构成交换群.

由定义, 乘法满足交换律、结合律是显然的; 单位元是 $\frac{a}{a}$; 元素 $\frac{a}{b}$ 的逆元为 $\frac{b}{a}$. 此外, 容易验证乘法满足分配律. 因此, $(F, +, \cdot)$ 的确是域.

第五步 对环 R 中的任意非零元 q, 取 F 的子集

$$\overline{R} = \left\{ \frac{qa}{q} \,\middle|\, a \in R \right\},$$

并定义映射 $f : R \to \overline{R}$, $f(a) = \frac{qa}{q}$. 容易验证这是一个同构映射, 所以 $R \cong \overline{R}$.

□

定理 3.8.2 对于定理 3.8.1 中的式 (3.9), F 中的任意元素都可以写成 st^{-1} 的形式, 其中 $s, t \in \overline{R}$.

证明 任取 $\frac{a}{b} \in F$, 有

$$\frac{a}{b} = \left(\frac{qa}{q}\right)\left(\frac{qb}{q}\right)^{-1},$$

其中 $\frac{qa}{q} = s \in \overline{R}$, 以及 $\frac{qb}{q} = t \in \overline{R}$, 即 $\frac{a}{b} = st^{-1}$.

反之, 对于任意的 $s, t \in \overline{R}$, 只要 $t \neq 0$, 总会有 $st^{-1} \in F$.

□

定义 3.8.3 设 R 是一个整环, 那么式 (3.9) 中定义的 F 称为环 R 的**分式域** (quotient field) 或者**商域**.

例 3.8.1 整数环的分式域是有理数域.

证明 设 R 为整数环, 根据定理 3.8.1 中的式 (3.9), 定义集合

$$F = \left\{ \frac{a}{b} \;\middle|\; a, b \in R, b \neq 0 \right\}.$$

这个集合包含了所有的整数和分数, 且不存在其它数, 所以这的确是有理数域. □

习题 3.8

1. 设 F 是域, 证明它的分式域与 F 自身同构.
2. 证明高斯整数环 $\mathbb{Z}[i]$ 的分式域是高斯数域 $\mathbb{Q}[i]$.
3. 证明环 $\mathbb{Z}[\sqrt{2}]$ 是整环, 说明其分式域是域 $\mathbb{Q}[\sqrt{2}]$.

3.9 多项式环

多项式起源于对代数方程的求解, 这是最古老的数学问题之一. 高等代数中讨论了实数域和复数域上的多项式, 实际上, 在其它的环或者域上, 同样可以定义多项式. 特别地, 有限域上的多项式在通信安全、系统工程和计算机领域有着重要的应用. 本节的主要目的是把多项式的概念从系数取自数域推广到系数取自一般的有单位元的环上.

3.9.1 定义与性质

定义 3.9.1 设环 R 是一个有单位元的环, 并用 1 表示环 R 的单位元. R' 为其扩环, x 为 R' 中的一个元素. 若 x 满足

(1) 对任意的 $r \in R$, $xr = rx$;

(2) $1x = x$;

(3) 对 R 的任意一组不全为零的元素 $a_0, a_1, \cdots, a_n$,

$$f(x) = a_0 + a_1 x + \cdots + a_n x^n \neq 0,$$

则称 x 为 R 上的**未定元** (indeterminate).

可以证明有单位元的环 R 上一定存在未定元 x, 这里就不再证明了.

定义 3.9.2 设 R 是任意一个环, x 为 R 上的一个未定元, 则形如

$$f(x) = \sum_{i=0}^{n} a_i x^i = a_0 + a_1 x + \cdots + a_n x^n$$

的表达式称为环 R 上的一个关于 x 的**多项式** (polynomial), 其中 $a_i \in R$ 称为多项式 $f(x)$ 的**系数** (coefficient). 更具体一点, $a_i x^i$ 称为 i 次项, $a_i \in R$ 称为 i 次项的系数. 特别地, a_0 称为多项式的**常数项** (constant term). 若 $a_n \neq 0$, 则称 n 是多项式 $f(x)$ 的**次数** (degree), 记为 $\deg(f(x))$, a_n 称为最高项系数或者**首项系数** (leading coefficient). 特别地, 若 $a_n = 1$, 则称多项式 $f(x)$ 是**首一** (monic) 的.

注记 3.9.3 (1) 若 $a_i = 0$, 则 i 次项可以写为 $0x^i$, 或者省略不写. 在不引起混淆的情况下, 多项式 $f(x)$ 可以简写为 f.

(2) 若 $f(x) = c \in R$ 是环 R 的一个常数, 则称 $f(x)$ 为常数多项式, 当 $c \neq 0$ 时, 次数记为 0; 当 $c = 0$ 时, $f(x) = 0$, 称为零多项式, 定义 $\deg(f) = -\infty$.

令
$$g(x) = a_0 + a_1 x + \cdots + a_n x^n + 0x^{n+1} + \cdots + 0x^{n+m},$$
则认为 $f(x) = g(x)$, 其中 $n + m$ 称为多项式 $g(x)$ 的**形式次数** (formal degree).

记 $R[x]$ 表示环 R 上关于未定元 x 的多项式全体. 环 R 上任意两个形式次数为 n 的多项式
$$f(x) = \sum_{i=0}^{n} a_i x^i \quad \text{和} \quad g(x) = \sum_{i=0}^{n} b_i x^i$$
称为相等当且仅当 $a_i = b_i$, $i = 0, 1, \cdots, n$. 多项式
$$f(x) + g(x) = \sum_{i=0}^{n} (a_i + b_i) x^i$$
称为 $f(x)$ 和 $g(x)$ 的和, 运算称为多项式的加法, 多项式
$$f(x)g(x) = \sum_{k=0}^{2n} c_k x^k, \quad \text{其中} \quad c_k = \sum_{i+j=k} a_i b_j$$
称为 $f(x)$ 和 $g(x)$ 的积, 运算称为多项式的乘法.

根据定义, 容易得到下述命题.

命题 3.9.4 设 $R[x]$ 表示环 R 上关于未定元 x 的多项式全体, 则集合 $R[x]$ 关于多项式的加法和乘法作成一个环, 称为环 R 的**多项式环** (polynomial ring).

例 3.9.1 设 R 是任意一个环, 通过多项式环 $R[x]$ 可以定义多元多项式环 $R[x_1, x_2, \cdots, x_n]$: 定义 $R_1 = R[x]$ 以及 $R_i = R_{i-1}[x]$, 对于 $i \geqslant 2$.

关于多项式的次数, 有以下性质.

命题 3.9.5 设 $f(x), g(x) \in R[x]$, 则
$$\deg(f(x) + g(x)) \leqslant \max(f(x), g(x)),$$
$$\deg(f(x)g(x)) \leqslant \deg(f(x)) + \deg(g(x)).$$
当 R 是整环时, $\deg(f(x)g(x)) = \deg(f(x)) + \deg(g(x))$.

证明 命题中的两个不等式是显然的. 当 R 是整环时, 不存在零因子, 所以任意两个非零多项式相乘, 乘积的首项系数非零. □

定理 3.9.6 设 R 是环, 则

(1) $R[x]$ 可交换当且仅当 R 可交换;

(2) $R[x]$ 是含幺环当且仅当 R 是含幺环;

(3) $R[x]$ 是整环当且仅当 R 是整环.

证明 (1) 和 (2) 是显然的. 关于 (3), 若 R 是整环, 根据多项式乘法的定义, 当 $f(x), g(x)$ 都非零时, 它们的乘积一定非零. 反之, 若 $R[x]$ 是整环, 则 R 显然是整环, 因为它是 $R[x]$ 的子环. □

多项式环及其商环在环论中起着重要的作用, 很多环都可以通过它们来构造.

例 3.9.2 考虑有限链环 $\mathbb{Z}_2 + u\mathbb{Z}_2 + \cdots + u^{k-1}\mathbb{Z}_2$, 其中 $u^k = 0$ 并且 k 是正整数, 它同构于商环 $\mathbb{Z}_2[x]/(x^k)$.

在实数域上, 关于多项式存在带余除法或者欧几里得算法, 相关的结论可以平移到任意域上. 我们不加证明地给出一般域上的多项式带余除法.

定理 3.9.7 设 $g(x)$ 是域 F 上的非零多项式, 那么对任意的 $f(x) \in F[x]$, 存在多项式 $q(x), r(x) \in F[x]$ 使得

$$f(x) = q(x)g(x) + r(x),$$

其中 $r = 0$ 或 $\deg(r) < \deg(g)$.

定理 3.9.8 设 F 是域, 则多项式环 $F[x]$ 是一个主理想整环, 且每个主理想由唯一的一个次数最低的首一多项式生成.

证明 由定理 3.9.6, $F[x]$ 是整环. 设 $J \neq (0)$ 是环 $F[x]$ 的一个理想. 设 $h(x)$ 是 J 中次数最小的非零多项式, b 是其首项系数, 取 $g(x) = b^{-1}h(x)$, 则 $g(x)$ 是理想 J 中的一个首一多项式. 对于理想 J 的任意一个多项式 $f(x)$, 由带余除法, 总会存在多项式 $q(x), r(x)$ 使得

$$f(x) = q(x)g(x) + r(x),$$

其中 $\deg(r) < \deg(g) = \deg(h)$. 由于 J 是理想, 故

$$f(x) - q(x)g(x) = r(x) \in J,$$

所以 $r(x) = 0$. 因此,

$$f(x) = q(x)g(x), \quad \text{即 } J = (g(x)).$$

如果另有一个首一多项式 $g_1(x)$ 使得 $J = (g_1(x))$, 则

$$g(x) = c_1 g_1(x), \quad g_1(x) = c_2 g(x),$$

那么 $g(x) = c_1 c_2 g(x)$, 从而 $c_1 c_2 = 1$, 即 c_1 和 c_2 在 F 中. 注意到 $g(x)$ 和 $g_1(x)$ 都是首一的, 因此 $g(x) = g_1(x)$. □

3.9.2 根与不可约

定义 3.9.9 设 $f(x)$ 是域 F 上的一个次数 $\geqslant 1$ 的多项式, 若由 $f(x) = g(x)h(x)$, 可得出 $g(x)$ 是常数或 $h(x)$ 是常数, 则称 $f(x)$ 是域 F 上的**不可约多项式** (irreducible polynomial); 否则, 称这个多项式是域 F 上的**可约多项式** (reducible polynomial).

例 3.9.3 容易验证剩余类环 $\mathbb{Z}_2$ 是一个域, 它只有两个元素 0 和 1. $f(x) = x^2 + 1$ 是 $\mathbb{Z}_2$ 上的一个可约多项式

$$x^2 + 1 = (x + 1)^2.$$

$g(x) = x^2 + x + 1$ 是 $\mathbb{Z}_2$ 上的一个不可约多项式, 因为

$$x \nmid g(x), \quad x + 1 \nmid g(x).$$

定义 3.9.10 设 $f(x)$ 是域 F 上次数 $\geqslant 1$ 的多项式. 若在域 F 上存在元素 x_0 使得 $f(x_0) = 0$, 则称 x_0 是多项式 $f(x)$ 的**根** (root).

例 3.9.4 设 $f(x) = x^2 + 1$ 是 $\mathbb{Z}_2$ 上的一个多项式, 它在 $\mathbb{Z}_2$ 上有根 1, 因为

$$f(1) = 1^2 + 1 = 0.$$

但是, $\mathbb{Z}_2$ 上的另一个多项式 $g(x) = x^2 + x + 1$ 在 $\mathbb{Z}_2$ 上没有根, 因为

$$g(0) = 0 + 1 = 1, \quad g(1) = 1 + 1 + 1 = 1.$$

显然, 多项式的根与不可约性都与域有关.

例 3.9.5 设 $f(x) = x^2 + 1$, 则 $f(x)$ 在剩余类域 $\mathbb{Z}_2$ 上可约, 且 1 是根. 但是, $f(x)$ 在实数域 $\mathbb{R}$ 上不可约, 且 1 不是根.

关于不可约多项式, 有下列等价叙述, 证明留给读者.

定理 3.9.11 设 $f(x)$ 是域 F 上的一个多项式, 那么下列条件等价:

(1) $f(x)$ 在域 F 上不可约;

(2) 剩余类环 $F[x]/(f(x))$ 是域;

(3) $(f(x))$ 是环 $F[x]$ 的极大理想;

(4) $(f(x))$ 是环 $F[x]$ 的素理想.

命题 3.9.12 设 $f(x)$ 是域 F 上的一个多项式, 那么 $c \in F$ 是 $f(x)$ 的根当且仅当 $(x - c) \mid f(x)$.

证明 充分性是显然的, 下证必要性. 由多项式的带余除法, 存在多项式 $q(x)$ $\in F[x]$ 和常数 $r \in F$ 使得 $f(x) = q(x)(x-c) + r$, 那么

$$f(c) = q(c) \cdot 0 + r = r = 0,$$

即 $(x-c) \mid f(x)$. □

若 c 不是根, 我们有下述结论.

命题 3.9.13 设 $f(x)$ 是域 F 上的一个多项式, 那么对任意的 $c \in F$, 都存在唯一的 $q(x) \in F[x]$ 使得

$$f(x) = q(x)(x-c) + f(c).$$

证明 定义 $g(x) = f(x) - f(c)$, 那么只需证 c 是多项式 $g(x)$ 的根, 即

$$(x-c) \mid g(x) = f(x) - f(c).$$

故而存在 $q(x) \in F[x]$, 使得

$$f(x) = q(x)(x-c) + f(c).$$

如果又存在 $q_1(x)$ 满足题设, 那么

$$(q(x) - q_1(x))(x-c) = 0.$$

因为域的多项式环是整环, 不存在零因子, 所以 $q(x) = q_1(x)$. □

利用命题 3.9.12 和数学归纳法, 不难得到以下定理.

定理 3.9.14 域上的 n 次多项式在该域中至多有 n 个根.

特别地, 若 $(x-c)^m \mid f(x)$ 但 $(x-c)^{m+1} \nmid f(x)$, 其中 m 为正整数, 则称 c 是多项式 $f(x)$ 的一个 m **重根** (multiple root), m 称为**重数** (multiplicity).

定义 3.9.15 设 $f(x) = a_0 + a_1 x + \cdots + a_n x^n$ 是域 F 上的一个 n 次多项式, 那么

$$g(x) = a_1 + 2a_2 x + \cdots + na_n x^{n-1} \tag{3.10}$$

称为多项式 $f(x)$ 的**形式导数** (formal derivative), 或者就称为**导数** (derivative), 又称微商, 用记号 $f'(x)$ 表示, 即 $g(x) = f'(x)$.

这里并没有采用数学分析中极限的概念来定义多项式的导数, 仅仅只是给出了一个形式上的导数.

根据定义, 容易得到

定理 3.9.16 设 $f(x)$ 和 $g(x)$ 是域上的两个多项式, 那么

$$(f+g)' = f' + g', \quad (fg)' = f'g + fg'.$$

从而有

$$(f_1 f_2 \cdots f_m)' = \sum_{i=1}^{m} f_1 \cdots f_{i-1} f_i' f_{i+1} \cdots f_m,$$

其中 f_i 都是多项式.

例 3.9.6 设 $f(x) = x^2 + 1$ 是 $\mathbb{Z}_2$ 上的一个多项式, 那么它的导数 $f'(x) = 0$; 而多项式 $g(x) = x^2 + x + 1$ 的导数是 $g'(x) = 1$. 可见, 一个多项式的导数的次数不一定会比原多项式的次数少 1. 导数的次数与域的特征有关.

关于多项式的重根, 有以下判定条件.

命题 3.9.17 设 $f(x)$ 是域 F 上的一个多项式, 那么 $c \in F$ 是 $f(x)$ 的重根当且仅当 c 是 $f(x)$ 和 $f'(x)$ 的根.

证明 必要性是显然的. 下证充分性. 由题设, 存在多项式 $g(x)$ 使得

$$f(x) = (x-c)g(x),$$

那么有

$$f'(x) = g(x) + g'(x)(x-c),$$

则 $g(c) = 0$. 因此, $(x-c) \mid g(x)$. 从而,

$$(x-c)^2 \mid f(x),$$

即 c 是重根. □

对于在域上次数 $\geqslant 2$ 的不可约多项式, 在该域上没有根; 反之, 一般不对. 但是, 对于有限域 F 上次数为 2 或者 3 的多项式 $f(x)$ 在 $F(x)$ 中不可约当且仅当 $f(x)$ 在 F 中没有根.

定理 3.9.18 设 $f(x)$ 是域 F 上的一个次数为 2 或者 3 的多项式, 说明 $f(x)$ 在域 F 上不可约当且仅当 $f(x)$ 在域 F 中无根.

在高等代数中, 有着著名的艾森斯坦判别法:

定理 3.9.19 (艾森斯坦判别法) 设 $f(x) = a_0 + a_1 x + \cdots + a_n x^n$ 是整数环 $\mathbb{Z}$ 上的一个 n 次多项式, 对任意的 $1 \leqslant i \leqslant n-1$, 若存在素数 p 使得 $p \mid a_i$ 恒成立, 但 $p \nmid a_n$ 且 $p^2 \nmid a_0$, 则 $f(x)$ 是有理数域上的不可约多项式.

例 3.9.7 设 $f(x) = x^n + 2$, 那么根据艾森斯坦判别法, 这个多项式在有理数域上不可约.

不可约多项式在环与域的扩张上起着重要的作用, n 次不可约多项式的存在预示着一个域的 n 次代数扩张的存在.

习题 3.9

1. 设 $R[x]$ 是实数域上的多项式环, $I = (x)$ 和 $J = (1 + x)$ 是主理想, 求 $I \cap J$ 和 $I + J$ 的生成元.

2. 设 $F[x]$ 是域 F 上的多项式环, $f(x) \in F[x]$ 是一个 n 次多项式, 不通过命题 3.9.12 和数学归纳法, 证明 $f(x)$ 在域 F 中至多有 n 个相异的根.

3. 当 R 是整环时, $R[x]$ 可以与 $R[x]$ 的一个真子环同构.

4. 设 R 是环 K 的一个子环, 并且它们有着相同的单位元. 设 x 是环 K 上的未定元, 且 $y \in K$, 定义

$$R[y] = \{f(y) | f(x) \in R[x]\}.$$

证明: $R[x] \sim R[y]$.

5. 设 $f(x)$ 是域 F 上的一个次数为 2 或者 3 的多项式, 证 $f(x)$ 在域 F 上不可约当且仅当 $f(x)$ 在域 F 中无根.

6. 证明: 方程 $x^2 - 1 = 0$ 在剩余类环 $\mathbb{Z}_p$ 中恰有两个根, 其中 p 是素数.

7. 设 R 是含幺交换环, 证明 $R[x]/(f(x))$ 对任意的环 R 都不可能是域, 其中 $f(x) = x^4 + x^3 + x + 1$.

3.10 交换环中的因子分解

众所周知, 整数环中的每一个合数都可以唯一地分解为素数的乘积; 数域上的每一个次数大于零的可约多项式, 都可以分解为不可约多项式的乘积. 这是整数环和数域上多项式环中元素基本的也是非常重要的性质之一. 本节, 我们要把整数环和多项式环的这些结论推广到更一般的环上去. 在有理数域上, 多项式 $x^2 + 1$ 不能分解, 但在复数域上就可以分解. 可见, 一个多项式能否分解与具体的环或者域有关. 这启发我们在环中重新定义整除、不可约、素数、分解等概念.

3.10.1 定义

定义 3.10.1 设 R 是交换环, 对于环 R 中的非零元素 a 和 b, 若存在元素 $x \in R$ 使得 $b = ax$, 则称 a **整除** (divide) b, 记为 $a \mid b$. 若 $a \mid b$ 且 $b \mid a$, 则称 a 和 b 两个元素**相伴** (associate), 记为 $a \sim b$. 若 a 不整除 b, 则记为 $a \nmid b$.

例 3.10.1 在整数环中, 3 和 -3 互相整除, 所以它们相伴.

定义 3.10.2 设 R 为含幺交换环, 若 $c = ab$, 其中 a 和 b 既不是零元也不是单位, 则称 a 和 b 是元素 c 的**真因子** (proper divisor). 若环 R 中一个非零元素既不是单位, 也没有真因子, 则称之为**不可约元** (irreducible element).

定理 3.10.3 设 R 为含幺交换环, $a, b, u \in R \setminus \{0\}$, $U(R)$ 是环 R 的乘法群, 则

(1) $a \mid b \Longleftrightarrow (b) \subseteq (a)$, 从而 $a \sim b \Leftrightarrow (a) = (b)$;

(2) $u \in U(R) \Longleftrightarrow u \sim 1 \Longleftrightarrow (u) = R \Leftrightarrow u \mid r, \forall r \in R$;

(3) $a = bu, u \in U(R) \Longrightarrow a \sim b$; 反之, 当 R 是整环时, 逆命题成立;

(4) 若 R 是整环, 则 a 是 b 的真因子 $\Longleftrightarrow (b) \subset (a)$.

证明 (1) 若 $a \mid b$, 则存在 x 使得 $b = ax$, 所以 $b \in (a)$, 因此 $(b) \subseteq (a)$. 反之, 若 $(b) \subseteq (a)$, 由于 $b = b \cdot 1 \in bR = (b)$, 则 $b \in (a) = aR$, 那么存在 $x \in R$ 使得 $b = ax$, 即 $a \mid b$. $a \sim b$ 当且仅当 $a \mid b$ 和 $b \mid a$ 同时成立, 当且仅当 $(a) \subseteq (b)$ 和 $(b) \subseteq (a)$, 即 $(a) = (b)$.

(2) $u \in U(R)$ 当且仅当存在单位 v, 使得 $uv = 1$, 即 $u \mid 1$, 即 $u \sim 1$. 剩余结论由单位的定义结合 (1) 可以得到.

(3) 由 $U(R)$ 是群, 则 $b = au^{-1}$, 从而 $a \sim b$. 若 $a \sim b$, 则 $a \mid b$ 和 $b \mid a$ 同时成立, 即存在 u 和 v 使得 $a = bu$ 和 $b = av$, 则 $a = avu$. 当 R 是整环时, $vu = 1$, 故而 $u, v \in U(R)$.

(4) 由 (1) 和 (3) 得到. □

命题 3.10.4 若 R 是含幺交换环, 则相伴是一种等价关系.

证明 (1) 显然对任意的非零元 $a \in R$ 都有 $a \mid a$, 所以 $a \sim a$;

(2) 根据定义, 若 $a \sim b$, 则 $b \sim a$;

(3) 如果 $a \sim b$, 且 $b \sim c$, 那么

$$a \mid b, \quad b \mid a, \quad b \mid c, \quad c \mid b.$$

所以

$$a \mid c, \quad c \mid a,$$

即 $a \sim c$. □

定义 3.10.5 设 R 为含幺交换环, p 是环 R 的一个非零非单位的元素. 若 $p \mid ab$, 有 $p \mid a$ 或 $p \mid b$, 则称该元素是**素元** (prime element).

例 3.10.2 在剩余类环 $\mathbb{Z}_6$ 中, 单位是 $\bar{1}$ 和 $\bar{5}$, 其余的非零元都是零因子. 容易验证 $\bar{2}$ 是素元, 但不是不可约元, 因为 $\bar{2} = \bar{2} \cdot \bar{4}$.

例 3.10.3 设 $R = \mathbb{Z}[\sqrt{-3}]$, 那么 R 关于复数的加法和乘法构成一个整环. 证明: 2 是不可约元, 但不是素元.

证明 不妨设

$$2 = (a + \sqrt{-3}b)(c + \sqrt{-3}d), \quad a, b, c, d \in \mathbb{Z},$$

那么

$$2 = (ac - 3bd) + (ad + bc)\sqrt{-3}.$$

从而有方程组

$$\begin{cases} ac - 3bd = 2, \\ bc + ad = 0, \end{cases}$$

解得

$$c = \frac{2a}{a^2 + 3b^2}, \quad d = \frac{-2b}{a^2 + 3b^2}.$$

因为 a, b, c, d 都是整数, 并且 $3b^2 \geqslant |2b|$, 所以

$$b = 0, \ a = \pm 2 \text{ 或者 } b = 0, \ a = \pm 1.$$

当 $b = 0, \ a = \pm 2$ 时, 2 与 $a + \sqrt{-3}b = \pm 2$ 相伴, 这时 $c + \sqrt{-3}b = \pm 1$ 是单位; 当 $b = 0, \ a = \pm 1$ 时, $a + \sqrt{-3}b = \pm 1$ 是单位. 因此 2 是不可约元. 但 2 不是素元, 因为

$$2 \mid (1 + \sqrt{-3})(1 - \sqrt{-3}) = 10,$$

但是 $2 \nmid (1 + \sqrt{-3})$ 且 $2 \nmid (1 - \sqrt{-3})$. □

定理 3.10.6 设 R 是整环, $p \in R$, 则有

(1) p 是素元当且仅当 (p) 是非零素理想;

(2) 环 R 中的素元都是不可约元;

(3) 若 R 是主理想整环, 则其不可约元是素元.

证明 (1) 设 p 是素元, 则 p 不是单位, 所以 $(p) \neq R$. 若 $ab \in (p)$, 则 $p \mid ab$, 故而 $p \mid a$ 或者 $p \mid b$, 即 $a \in (p)$ 或者 $b \in (p)$, 换言之, (p) 是非零素理想. 反之, 若 (p) 是非零素理想, 则 $(p) \neq R$, 所以 p 不是单位. 若 $p \mid ab$, 则 $ab \in (ab) \subseteq (p)$, 则 $a \in (p)$ 或者 $b \in (p)$. 等价地, $p \mid a$ 或者 $p \mid b$, 即 p 是素元.

(2) 设 p 是素元, 若 $p = ab$, 有 $p \mid ab$, 则 $p \mid a$ 或者 $p \mid b$. 若 $p \mid a$, 则存在 $x \in R$ 使得 $a = px = abx$. 注意到 R 是整环, 则 $bx = 1$, 即 b 是单位. 同理, 若 $p \mid b$, 则 a 是单位. 因此, p 是不可约元.

(3) 设 p 是不可约元, 设 $p \mid ab$ 且 $p \nmid a$, 考虑由 p 和 a 生成的理想 $(d) = (p, a)$. 因为 $(p) \subseteq (d)$, 所以 $d \mid p$. 因为 p 是不可约的, 所以 d 是单位或者与 p 相伴. 但 $p \nmid a$ 且 $(a) \subseteq (d)$, 则 d 与 p 不相伴, 则 d 是单位, 从而 $(d) = R$. 故存在元素 $s, t \in R$ 使得 $1 = ps + at$, 于是 $b = psb + atb$, 进一步, $p \mid b$, 所以 p 是素元. □

3.10.2 唯一分解整环

定义 3.10.7 设 R 是一个整环, $a \in R$ 是一个非零非单位的元素, 且可以写成若干不可约元的乘积, 即存在不可约元 $c_1, c_2, \cdots, c_n$ 使得

$$a = c_1 c_2 \cdots c_n,$$

这称为元素 a 的一个分解. 若 a 有两个分解:

$$a = p_1 p_2 \cdots p_m = q_1 q_2 \cdots q_n,$$

则 $n = m$, 且存在集合 $\{1, 2, \cdots, n\}$ 的一个置换 σ, 使得 p_i 与 $q_{\sigma(i)}$ 相伴, $1 \leqslant i \leqslant n$, 则称 a 是一个唯一分解元. 若 R 的每个非零非单位的元素都是唯一分解元, 则称环 R 是一个**唯一分解整环** (unique factorization domain).

例 3.10.4 整数环是唯一分解整环. 事实上, 对于任意的一个正整数, 它总可以唯一地表示为一些素数的乘积, 这就是所谓的算术基本定理.

在唯一分解整环中, 有以下结论.

命题 3.10.8 唯一分解整环中的不可约元是素元.

证明 设 $a, b \in R, p$ 是唯一分解整环 R 的不可约元, 若 $p \mid ab$, 当 a, b 中有零元或单位时, 结论显然成立; 当 a, b 既不是零元也不是单位时, 则存在 $c \in R$ 使得 $ab = pc$, 易知 c 为非零元非单位. 将 a, b, c 依次分解为若干不可约元之积:

$$a = a_1 a_2 \cdots a_r, \quad b = b_1 b_2 \cdots b_s, \quad c = c_1 c_2 \cdots c_t,$$

则

$$a_1 a_2 \cdots a_r b_1 b_2 \cdots b_s = p c_1 c_2 \cdots c_t.$$

由分解的唯一性, p 与某个 a_i 或者 b_j 相伴, 即 $p \mid a$ 或者 $p \mid b$. 因此, p 是素元. □

命题 3.10.9 唯一分解整环不存在无限的真因子序列 $a_1, a_2, \cdots, a_n, \cdots$, 使得对任意的 $i \geqslant 1$, a_{i+1} 都是 a_i 的真因子.

证明 设 $a_1 = p_1 p_2 \cdots p_r$ 是 r 个不可约元的乘积, 由于 a_2 是 a_1 的真因子, 那么存在非零非单位的元素 x 使得 $a_1 = a_2 x$. 令 a_2 和 x 分别是 t 和 s 个不可约元的乘积, 即 $a_2 = q_1 q_2 \cdots q_t$, $x = x_1 x_2 \cdots x_s$. 由分解的唯一性知 $r = s + t > t$, 即 a_2 的不可约元个数比 a_1 的不可约元个数少. 所以这样的过程在有限步后终止, 不存在无限的这种真因子序列. □

下面是唯一分解整环判定的一个充分条件, 实际上, 也是必要条件.

定理 3.10.10 若整环 R 满足下列条件:

(1) 每个非零非单位的元素都可以写成有限个不可约元的乘积;

(2) 每个不可约元都是素元,

则 R 是唯一分解整环.

证明 设环 R 中非零非单位的元素 a 可以分解为

$$a = p_1 p_2 \cdots p_r = q_1 q_2 \cdots q_s,$$

其中 p_i 和 q_j 都是不可约元. 下面对 r 作数学归纳. 当 $r = 1$ 时, 有 $a = p_1 = q_1 q_2 \cdots q_s$. 若 $s > 1$, 则 q_1 是 p_1 的一个真因子, 与 p_1 不可约矛盾, 从而 $p_1 \sim q_1$, 结论成立.

假设环 R 中可以表示为 $r-1$ 个不可约元乘积的元素的分解都唯一, 证明结论对

$$a = p_1 p_2 \cdots p_r = q_1 q_2 \cdots q_s$$

成立. 由 $p_1 \mid q_1 q_2 \cdots q_s$ 以及 p_1 是素元, 不妨设 $p_1 \mid q_1$, 从而 p_1 与 q_1 相伴, 记为 $p_1 = u q_1$, 其中 u 是单位. 取

$$b = (u p_2) p_3 \cdots p_r = q_2 \cdots q_s,$$

则 b 是 $r-1$ 个不可约元的乘积, 所以分解唯一, 由归纳假设, $r-1 = s-1$ 且适当交换次序后, 可以做到 q_i 与 p_i 相伴, $i \geqslant 2$. 因此, $r = s$, 且 q_i 与 p_i 相伴, 这说明 a 的不可约元的分解唯一, R 是唯一分解整环. □

回顾主理想整环的定义, 我们将证明主理想整环是唯一分解整环.

引理 3.10.11　主理想整环不存在无限的真因子序列 $a_1, a_2, \cdots, a_n, \cdots$, 使得对任意的 $i \geqslant 1$, a_{i+1} 都是 a_i 的真因子.

证明　由题设, 得到升链

$$(a_1) \subseteq (a_2) \subseteq \cdots \subseteq (a_n) \subseteq \cdots.$$

定义 $I = \cup_{i=1}^{\infty} (a_i)$, 容易验证 I 是一个理想, 设 $I = (d)$. 由于 $d \in (d)$, 则存在正整数 k 使得 $d \in (a_k)$, 那么

$$(d) = I \subseteq (a_{k+1}) \subseteq \cdots \subseteq I,$$

从而 $a_k \sim a_{k+1} \sim \cdots \sim a_{n+k} \sim \cdots$. □

引理 3.10.12　主理想整环中由不可约元生成的理想是极大理想.

证明　设 p 是主理想整环 R 的不可约元, 设 $I = (a)$ 是环 R 中包含 (p) 但不等于 (p) 的理想, 那么存在元素 $r \in R$ 使得 $p = ra$. 由于 p 是 R 的不可约元, a 要么是单位, 要么与 p 相伴. 如果 a 与 p 相伴, 设 $a = up$, 其中 u 是单位, 那么 $a \in (p)$ 且 $(a) = I \subseteq (p)$, 与假设矛盾, 所以 a 是单位. 因此, $I = (a) = R$, 理想 (p) 是极大理想. □

定理 3.10.13　主理想整环是唯一分解整环.

证明　只需验证定理 3.10.10 的两个条件.

设 a 是主理想整环 R 中的任意一个非零非单位的元素. 如果 a 能写成无限个不可约元的乘积, 那么它不是不可约元, 有真因子. 设 $a = a_1 b_1$, 则不妨设 a_1 能写成无限个不可约元的乘积, 从而 a_1 是不可约元, 有真因子. 按照这个过程可以得到一个无限的真因子序列:

$$a_0 = a, a_1, a_2, \cdots, a_n, \cdots,$$

其中对于 $i \geqslant 1$, a_i 是 a_{i-1} 的真因子, 与引理 3.10.11 矛盾. 因此, a 是有限个不可约元的乘积.

设 p 是环 R 的不可约元, 由引理 3.10.12, (p) 是极大理想, 从而是素理想. 如果 $p \mid ab$, 则 $ab \in (p)$, 那么 $a \in (p)$ 或者 $b \in (p)$, 即 $p \mid a$ 或者 $p \mid b$. 因此, p 是素元. □

例 3.10.5 域 F 上的多项式环 $F[x]$ 是唯一分解整环. 对于任意的有限次的多项式 $f(x) \in F[x]$, 都可以将其写成有限个不可约多项式的乘积:

$$f(x) = a p_1^{e_1}(x) p_2^{e_2}(x) \cdots p_k^{e_k}(x),$$

其中 $a \in F$, $p_i(x)$ 是两两不同的首一不可约多项式, e_i 是正整数, $1 \leqslant i \leqslant k$. 在交换不可约多项式顺序的意义下, 这个写法是唯一的.

3.10.3 欧氏环

在整数环和数域上的一元多项式环中, 带余除法起着重要的作用, 这个定理在一般的整环中并不成立, 例如: 二元多项式环. 因此, 需要定义可以做 "带余除法" 的环. 下面我们介绍另一种唯一分解整环——**欧氏环** (Euclidean ring). 欧氏环是一类特殊的主理想整环. 它是整数环、域上一元多项式环有带余除法意义下的推广.

定义 3.10.14 设 $\mathbb{N}$ 是非负整数集, R 是一个整环. 若
(1) 存在映射 $\varphi : R \setminus \{0\} \to \mathbb{N}$;
(2) 对于任意的 $a \in R, b \neq 0$, 存在 $q, r \in R$, 使得

$$a = bq + r, \text{其中 } r = 0 \text{ 或 } \varphi(r) < \varphi(b),$$

则称环 R 是一个**欧氏环**.

例 3.10.6 整数环上考虑绝对值函数, 它满足定义 3.10.14, 从而整数环是欧氏环.

例 3.10.7 考虑域上的一元多项式环, 则 φ 可定义为取多项式的次数, 从而一元多项式环是欧氏环.

定义 3.10.15 设 R 是整环, $a, b \in R$, 若存在 $c \in R$ 使得
(1) $c \mid a$ 且 $c \mid b$;
(2) 对于任意的 $c' \in R$, 若 $c' \mid a$ 且 $c' \mid b$, 则 $c' \mid c$,
则称 c 是元素 a 与 b 的**最大公因子** (greatest common divisor), 记为 $c = \gcd(a, b)$.

在欧氏环中有类似带余除法的算法.

命题 3.10.16 设 R 是欧氏环, 对于任意的 $a, b \in R$, 存在 $c = \gcd(a, b)$, 并且存在 $s, t \in R$ 使得

$$c = sa + tb.$$

证明 对任意的 $a, b \in R$, 不妨设 a 是非零元. 因为 R 是欧氏环, 所以存在从 R 到非负整数集的映射 φ, 并且每个非零元 x 都对应一个非负整数 $\varphi(x)$. 定义集合

$$I^* = \{xa + yb \mid x, y \in R\} \backslash \{0\}.$$

设 c 是 $\varphi(I^*)$ 中的最小的非负整数所对应的一个原像, 那么 $c = sa + tb$.

又因为 R 是整环, 所以有

$$a = hc + r, r = 0 \ \text{或者} \ \varphi(r) < \varphi(c).$$

因此,

$$r = a - hc = a - h(sa + tb)$$
$$= (1 - hs)a - htb \in I.$$

考虑到 c 的定义, $r = 0$, 那么 $c \mid a$. 同理可得 $c \mid b$.

若 $c' \in R$, $c' \mid a$ 且 $c' \mid b$, 则存在 $k, \ell \in R$ 使得 $a = kc', b = \ell c'$. 因此,

$$c = sa + tb = skc' + tlc' = (sk + tl)c',$$

即 $c' \mid c$, 所以 $c = \gcd(a, b)$. □

注记 3.10.17 整数环上两个元素 a, b **互素** (coprime) 当且仅当存在 s, t 使得 $as + bt = 1$.

例 3.10.8 高斯整数环 $\mathbb{Z}[\mathrm{i}]$ 是欧氏环.

证明 对任意的 $a + b\mathrm{i} \in \mathbb{Z}[\mathrm{i}]$, 定义映射

$$d : \mathbb{Z}[\mathrm{i}] \longrightarrow \mathbb{N};$$
$$a + b\mathrm{i} \longmapsto a^2 + b^2.$$

对于任意的 $x, y \in \mathbb{Z}[\mathrm{i}]$, 容易验证

$$d(xy) = d(x)d(y).$$

对任意的 $\alpha \in \mathbb{Z}[\mathrm{i}]^*$ 以及 $\beta \in \mathbb{Z}[\mathrm{i}]$, 取

$$\alpha^{-1}\beta = c + d\mathrm{i},$$

这里 c, d 都是有理数, 令 c', d' 分别是距离 c, d 最近的整数, 即

$$|c - c'| \leqslant \frac{1}{2}, \quad |d - d'| \leqslant \frac{1}{2}.$$

设 $r = c' + d'\mathrm{i} \in \mathbb{Z}[\mathrm{i}]$, 那么

$$d(\alpha^{-1}\beta - r) = (c - c')^2 + (d - d')^2$$
$$\leqslant \frac{1}{4} + \frac{1}{4} = \frac{1}{2}.$$

令 $\delta = \beta - \alpha r$, 则 $\delta \in \mathbb{Z}[\mathrm{i}]$. 若 $\delta \neq 0$, 则

$$d(\delta) = d(\beta - \alpha r) = d\left(\alpha(\alpha^{-1}\beta - r)\right)$$
$$= d(\alpha)d(\alpha^{-1}\beta - r) \leqslant \frac{1}{2}d(\alpha) < d(\alpha).$$

因此, 映射 d 是满足定义 3.10.14 的一个映射, 从而高斯整环是欧氏环. □

定理 3.10.18 欧氏环是主理想整环, 从而是唯一分解整环.

证明 设 R 是关于 φ 的一个欧氏环, I 是 R 的一个理想. 若 $\varphi(I) = (0)$, 则 $I = (0)$, 从而是主理想; 否则, 设 $\varphi(I)$ 中最小的非零正整数为 n, 取 $b \in I$ 使得 $\varphi(b) = n$, 那么 $b \neq 0$. 对于任意的 $a \in I$, 存在 $q, r \in R$, 使得 $a = bq + r$, 并且满足 $\varphi(r) < \varphi(b) = n$ 或 $r = 0$. 由于 $a, b \in I$, 那么 $r = a - bq \in I$, 则 $\varphi(r) \in \varphi(I)$, 从而 $\varphi(r) < n$, 这意味着 $r = 0$, 即 $a = bq$, $I = (b)$. 因此, 环 R 是主理想整环, 从而是唯一分解整环. □

注记 3.10.19 事实上, 唯一分解整环的多项式环仍然是唯一分解整环, 从而给出了唯一分解整环的一种构造.

────────────────

习题 3.10

1. 设 $\mathbb{Z}[x]$ 是整数环上的多项式环, 证明: 它不是主理想整环.
2. 设 $\mathbb{Z}[x]$ 是整数环上的多项式环, 证明: $x^2 + 1$ 是 $\mathbb{Z}[x]$ 上的不可约元.
3. 证明: $\mathbb{Z}[\sqrt{-2}]$ 是欧氏环.
4. 证明: $\mathbb{Z}[\omega]$ 是欧氏整环, 其中 $\omega = (-1 + \sqrt{-3})/2$ 满足 $\omega^2 + \omega + 1 = 0$.
5. 证明: 设 a 是主理想整环 R 中的非零元, 若 a 是素元, 则 $R/(a)$ 是域; 否则, $R/(a)$ 不是整环.

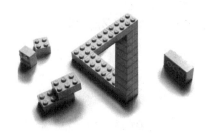

第4章
域

近世代数有三大基本内容: 群、环和域. 在前两章中已学习了群和环的理论, 本章要来讨论域的理论. 域的理论内容非常丰富. 早在十九世纪初, 伽罗瓦在研究代数方程的著作里就出现了域的概念的萌芽. 后来戴德金和克罗内克 (L. Kronecker, 1823—1891) 在不同背景下也提出了域的概念. 关于域的构造, 施泰尼茨 (E. Steinitz, 1871—1928) 在韦伯 (H. Weber, 1842—1913)、迪克森 (L.E. Dickson, 1874—1954)、亨廷顿 (E. V. Huntington, 1874—1952) 等影响下于 1910 年在 *Crelle* 杂志上发表长达 142 页的论文, 全面地系统地详加论述, 对域论本身以及相关科学发展产生重大影响. 域是许多数学分支研究的基础, 比如: 代数、代数数论、代数几何等. 特别地, 有限域在近代编码、正交试验设计和计算机理论中都有重要的应用.

本章的目的是要介绍域的基本性质, 以及采用扩张的方法对域作进一步讨论. 其中包括扩域与素域、域的单扩张与代数扩张、多项式的分裂域、有限域.

4.1 扩域与素域

我们知道, 有理数域是实数域的子域, 而实数域又是复数域的子域. 换言之, 实数域或者复数域都是有理数域的扩张. 任何数域都包含有理数域, 即有理数域是最小的数域. 因此, 我们可以从一个给定的域出发, 来研究它的扩域.

4.1.1 素域

每一个域都有子域, 如域 F 本身 (称为平凡子域) 是 F 的一个子域, 对于只有平凡子域的域, 我们给出

定义 4.1.1 如果域 F 不含真子域, 则称 F 为一个**素域** (prime field).

例 4.1.1 以素数 p 为模的剩余类环 $\mathbb{Z}_p$ 是一个素域.

证明 设 F 是 $\mathbb{Z}_p$ 的子域, 则乘法单位元 $\bar{1} \in F$, 对于任意 $\bar{m} \in \mathbb{Z}_p$, 有

$$\bar{m} = \underbrace{\bar{1} + \bar{1} + \cdots + \bar{1}}_{m} \in F.$$

所以 $\mathbb{Z}_p \subseteq F$, 从而 $\mathbb{Z}_p = F$. 根据素域的定义, $\mathbb{Z}_p$ 是一个素域. □

例 4.1.2 有理数域 $\mathbb{Q}$ 也是一个素域.

证明 设 F 是 $\mathbb{Q}$ 的子域, 乘法单位元 $1 \in F$, 若 n 是任一整数, 则有

$$n = n \cdot 1 \in F,$$

从而对于任意有理数 $\dfrac{p}{q} \in \mathbb{Q}$, 其中 p, q 均为整数. 所以有

$$p, q \in F \Rightarrow \frac{p}{q} \in F,$$

故 $\mathbb{Q} \subseteq F$, 从而 $\mathbb{Q} = F$. 根据素域的定义, $\mathbb{Q}$ 是一个素域. □

从上述两个例子, 我们已经知道了两个素域 $\mathbb{Z}_p$ 和 $\mathbb{Q}$, 下面将证明, 在同构意义下这就是全部的素域.

定理 4.1.2 设 F 是一个域, $\Delta \subseteq F$ 是素域. 若 $\mathrm{char}\Delta = \infty$, 则 $\Delta \cong \mathbb{Q}$; 若 $\mathrm{char}\Delta = p$, 则 $\Delta \cong \mathbb{Z}_p$.

证明 设 e 是域 F 的单位元, 作集合

$$\Delta = \{ne \mid n \in \mathbb{Z}\},$$

则

$$\varphi : \mathbb{Z} \longrightarrow \Delta; \quad n \longmapsto ne,$$

是整数环 $\mathbb{Z}$ 到 Δ 的一个同态满射. 事实上, φ 显然是满射, 且对任意的 $m, n \in \mathbb{Z}$ 有

$$\varphi(m + n) = (m + n)e = me + ne = \varphi(m) + \varphi(n);$$

$$\varphi(mn) = (mn)e = (me)(ne) = \varphi(m)\varphi(n).$$

当 $\mathrm{char}\Delta = \infty$ 时,

$$\mathrm{Ker}\varphi = \{m \in \mathbb{Z} \mid \varphi(m) = 0\} = \{0\},$$

即 φ 是一个单射, 得 φ 是一个同构映射, 即 $\mathbb{Z} \cong \Delta$.

设 Δ 的分式域为

$$P = \{ab^{-1} \mid a \in \Delta, b \in \Delta^*\},$$

则 F 包含 P, 由 3.8 节分式域的相关知识知, $\mathbb{Z}$ 的分式域与 Δ 的分式域 P 同构, 而整数环 $\mathbb{Z}$ 的分式域为有理数域 $\mathbb{Q}$, 即

$$\mathbb{Q} \cong P.$$

当 $\mathrm{char}\Delta = p$ 时, 则有

$$\mathrm{Ker}\varphi = \{m \in \mathbb{Z} \mid \varphi(m) = 0\} = (p).$$

事实上, 由 $\varphi(p) = pe = 0$, 得

$$(p) \subseteq \mathrm{Ker}\varphi \subseteq \mathbb{Z}.$$

而 (p) 是 $\mathbb{Z}$ 的极大理想, 则 $1 \notin (p) = \mathrm{Ker}\varphi$, 即 $\mathrm{Ker}\varphi \neq \mathbb{Z}$, 故只有 $\mathrm{Ker}\varphi = (p)$. 根据环的同态基本定理有

$$\mathbb{Z}_p = \mathbb{Z}/(p) = \mathbb{Z}/\mathrm{Ker}\varphi \cong \Delta.$$

若 F 本身是素域时, 结论仍然成立. 　　　　　□

根据定理 4.1.2 中的证明, 直接得到如下推论.

推论 4.1.3　每个域都包含一个素域且只包含一个素域.

例 4.1.3　实数域和复数域的素子域都是有理数域.

例 4.1.4　设 p 是一个素数, 则 $\mathbb{Z}_p$ 是特征为 p 的素域. 更进一步, 在同构意义下, 任何特征为 p 的域, 它的素子域都是 $\mathbb{Z}_p$.

因此, 我们称 Δ 为域 F 的素子域. 进一步可得 F 的素子域 Δ 实际上是 F 的所有子域的交. 由此可见, 每一个域的素域的结构只取决于域的特征, 所以, 特征对域来说是极为重要的.

4.1.2　扩域的结构

研究域的基本方法是, 从一个给定的域出发, 来研究它的扩域. 但实践证明, 从素域出发研究扩域并没有什么特别的优越性. 因此, 通常的做法是从任意域出发来研究其扩域.

设 E 是域 F 的扩域, S 为 E 的子集, E 中包含 S 和 F 的子域是存在的, 例如 E 本身就是. 用 $F(S)$ 表示 E 中包含 S 和 F 的一切子域的交. 显然 $F(S)$ 是 E 中包含 $F \cup S$ 的最小子域, 称这个最小的子域为 E 在 F 上由 S 生成的扩域, 也称 F 添加 S 得到的扩域, 即

$$F \subseteq F(S) \subseteq E.$$

若 $S = \{\alpha_1, \alpha_2, \cdots, \alpha_n\}$, 则 $F(S)$ 亦记为

$$F(S) = F(\alpha_1, \alpha_2, \cdots, \alpha_n).$$

下面我们来研究 $F(S)$ 中的元素及其代数结构.

定理 4.1.4 设 E 为 F 的扩域, S 为 E 中一个非空的有限子集, 记

$$S = \{\alpha_1, \alpha_2, \cdots, \alpha_n\},$$

则

$$F(S) = F(\alpha_1, \alpha_2, \cdots, \alpha_n) = \left\{ \frac{f(\alpha_1, \alpha_2, \cdots, \alpha_n)}{g(\alpha_1, \alpha_2, \cdots, \alpha_n)} \middle| f, g \in F[\alpha_1, \alpha_2, \cdots, \alpha_n], g \neq 0 \right\},$$

其中 $F[\alpha_1, \alpha_2, \cdots, \alpha_n]$ 为域 F 关于元素 $\alpha_1, \alpha_2, \cdots, \alpha_n$ 的多项式环. 也就是说, 域 $F(\alpha_1, \alpha_2, \cdots, \alpha_n)$ 是 F 上的多项式环 $F[\alpha_1, \alpha_2, \cdots, \alpha_n]$ 在 E 中的分式域.

证明 因为 $F(S)$ 是一个域, 所以 S 或 F 中的任意有限个元素经过有限次加、减、乘、除运算后仍在 $F(S)$ 中, 也就是说, 域 F 上的关于 E 中的元素 $\alpha_1, \alpha_2, \cdots, \alpha_n$ 的任意多项式 $f(\alpha_1, \alpha_2, \cdots, \alpha_n)$ 也应在 $F(S)$ 中; 从而得到

$$F[\alpha_1, \alpha_2, \cdots, \alpha_n] \subseteq F(S),$$

将 $F[\alpha_1, \alpha_2, \cdots, \alpha_n]$ 在 E 中的分式域记为 P, 即

$$P = \left\{ \frac{f(\alpha_1, \alpha_2, \cdots, \alpha_n)}{g(\alpha_1, \alpha_2, \cdots, \alpha_n)} \middle| f, g \in F[\alpha_1, \alpha_2, \cdots, \alpha_n], g \neq 0 \right\},$$

从而有 $P \subseteq F(S)$, 即

$$\left\{ \frac{f(\alpha_1, \alpha_2, \cdots, \alpha_n)}{g(\alpha_1, \alpha_2, \cdots, \alpha_n)} \middle| f, g \in F[\alpha_1, \alpha_2, \cdots, \alpha_n], g \neq 0 \right\} \subseteq F(S).$$

另一方面, 显然有

$$F \subseteq F[\alpha_1, \alpha_2, \cdots, \alpha_n],$$

且 $S = \{\alpha_1, \alpha_2, \cdots, \alpha_n\} \subseteq F[\alpha_1, \alpha_2, \cdots, \alpha_n]$, 从而得到 $F[\alpha_1, \alpha_2, \cdots, \alpha_n]$ 在 E 中的分式域 P 是既包含 F 又包含 S 的域, 而 $F(S)$ 是同时包含 F 和 S 的最小域, 所以

$$F(S) \subseteq P = \left\{ \frac{f(\alpha_1, \alpha_2, \cdots, \alpha_n)}{g(\alpha_1, \alpha_2, \cdots, \alpha_n)} \middle| f, g \in F[\alpha_1, \alpha_2, \cdots, \alpha_n], g \neq 0 \right\}.$$

所以

$$F(S) = \left\{ \frac{f(\alpha_1, \alpha_2, \cdots, \alpha_n)}{g(\alpha_1, \alpha_2, \cdots, \alpha_n)} \middle| f, g \in F[\alpha_1, \alpha_2, \cdots, \alpha_n], g \neq 0 \right\},$$

从而结论成立. $\square$

例 4.1.5 实数域 $\mathbb{R}$ 是有理数域 $\mathbb{Q}$ 的扩域, 记 $S_1 = \{\sqrt{2}\} \subseteq \mathbb{R}$, 则有

$$\mathbb{Q}(S_1) = \mathbb{Q}(\sqrt{2}) = \left\{ \frac{f}{g} \middle| f, g \in \mathbb{Q}[\sqrt{2}], g \neq 0 \right\}$$

$$= \left\{ \frac{\sum a_i (\sqrt{2})^i}{\sum b_j (\sqrt{2})^j} \middle| a_i, b_j \in \mathbb{Q}, \sum b_j (\sqrt{2})^j \neq 0 \right\}.$$

记 $S_2 = \{\sqrt{2}, \sqrt{3}\} \subseteq \mathbb{R}$, 则有

$$\mathbb{Q}(S_2) = \mathbb{Q}(\sqrt{2}, \sqrt{3}) = \left\{ \frac{f}{g} \middle| f, g \in \mathbb{Q}[\sqrt{2}, \sqrt{3}], g \neq 0 \right\}$$

$$= \left\{ \frac{\sum a_{ij} (\sqrt{2})^i (\sqrt{3})^j}{\sum b_{kl} (\sqrt{2})^k (\sqrt{3})^l} \middle| a_{ij}, b_{kl} \in \mathbb{Q}, \sum b_{kl} (\sqrt{2})^k (\sqrt{3})^l \neq 0 \right\}.$$

根据定理 4.1.4, 研究 $F(S)$ 可归结为研究添加有限个元素于 F 所得到的域 $F(\alpha_1, \alpha_2, \cdots, \alpha_n)$.

定理 4.1.5 设 E 为 F 的扩域, S_1, S_2 是 E 的两个非空子集, 则

$$F(S_1)(S_2) = F(S_1 \cup S_2) = F(S_2)(S_1).$$

证明 因为 $F(S_1)(S_2)$ 是包含域 $F(S_1)$ 和子集 S_2 的 E 的子域, 即 $F(S_1)(S_2)$ 是同时包含域 F、子集 S_1, S_2 的 E 的子域, 当然 $F(S_1)(S_2)$ 也是包含域 F 和子集 $S_1 \cup S_2$ 的 E 的子域, 而 $F(S_1 \cup S_2)$ 是包含域 F 和子集 $S_1 \cup S_2$ 的 E 的最小子域, 所以有

$$F(S_1 \cup S_2) \subseteq F(S_1)(S_2).$$

另一方面, $F(S_1 \cup S_2)$ 是包含域 F 和子集 $S_1 \cup S_2$ 的 E 的子域, 即 $F(S_1 \cup S_2)$ 是包含域 F、子集 S_1 和 S_2 的 E 的子域, 或者说, $F(S_1 \cup S_2)$ 是包含域 $F(S_1)$ 和子集 S_2 的 E 的子域, 从而有

$$F(S_1)(S_2) \subseteq F(S_1 \cup S_2).$$

所以,

$$F(S_1)(S_2) = F(S_1 \cup S_2).$$

同理可得

$$F(S_2)(S_1) = F(S_1 \cup S_2),$$

从而等式成立.   □

这个结论表明, 通过添加扩域中的两个非空子集所得的扩域与添加的次序无关.

例 4.1.6 实数域 $\mathbb{R}$ 是有理数域 $\mathbb{Q}$ 的扩域, 设 $S_1 = \{\sqrt{2}\}, S_2 = \{\sqrt{3}\} \subseteq \mathbb{R}$, 则有

$$\begin{aligned}
\mathbb{Q}(S_1)(S_2) &= \mathbb{Q}(\sqrt{2})(\sqrt{3}) \\
&= \left\{ \frac{f}{g} \,\middle|\, f, g \in \mathbb{Q}[\sqrt{2}, \sqrt{3}], g \neq 0 \right\} \\
&= \left\{ \frac{\sum a_{ij}(\sqrt{2})^i(\sqrt{3})^j}{\sum b_{kl}(\sqrt{2})^k(\sqrt{3})^l} \,\middle|\, a_{ij}, b_{kl} \in \mathbb{Q}, \sum b_{kl}(\sqrt{2})^k(\sqrt{3})^l \neq 0 \right\} \\
&= \mathbb{Q}(\sqrt{2}, \sqrt{3}) \\
&= \mathbb{Q}(S_1 \cup S_2),
\end{aligned}$$

同理可得

$$\mathbb{Q}(S_2)(S_1) = \mathbb{Q}(\sqrt{3})(\sqrt{2}) = \mathbb{Q}(\sqrt{2}, \sqrt{3}) = \mathbb{Q}(S_1 \cup S_2),$$

即

$$\mathbb{Q}(\sqrt{2})(\sqrt{3}) = \mathbb{Q}(\sqrt{2}, \sqrt{3}) = \mathbb{Q}(\sqrt{3})(\sqrt{2}).$$

根据上述定理, 我们可以将域 F 添加一个有限集 $S = \{\alpha_1, \alpha_2, \cdots, \alpha_n\}$ 的扩域 $F(\alpha_1, \alpha_2, \cdots, \alpha_n)$ 归结为逐次添加单个元素的情形, 即有

$$F(\alpha_1, \alpha_2, \cdots, \alpha_n) = F(\alpha_1)(\alpha_2) \cdots (\alpha_n).$$

所以, 添加单个元素的扩域将是我们下一节讨论的重点.

<hr>

习题 4.1

1. 证明: 任意一个域与它的子域有相同特征.

2. 证明: 域是单环.

3. 设 a 是一个正有理数, $\mathbb{Q}$ 是有理数域. 证明:
$$\mathbb{Q}(\sqrt{a}, \mathrm{i}) = \mathbb{Q}(\sqrt{a} + \mathrm{i}).$$

4. 设 $\mathbb{Q}$ 是有理数域. 证明:
$$\mathbb{Q}(6, \sqrt{5} + 2, 3\sqrt{3}) = \mathbb{Q}(\sqrt{5}, \sqrt{3}).$$

5. 证明: $F(S)$ 的一切添加 S 的有限子集于 F 所得的子域的并集是一个域, 且
$$F(S) = \bigcup_{T \subseteq S} F(T).$$

4.2　单　扩　域

由上一节的讨论, 我们知道单扩域是添加单个元素得到的扩域 $F(\alpha)$, 因为单扩域 $F(\alpha)$ 的结构与添加的元素 α 的特性有很大的关系. 本节将围绕元素 α 的特性来分析单扩域 $F(\alpha)$ 的结构.

假定 E 是域 F 的扩域, 而 α 是 E 中的一个元素. 要讨论单扩域 $F(\alpha)$ 的结构, 我们把 E 中的元素分成两类.

定义 4.2.1　*如果存在 F 上不全为零的元素 $a_0, a_1, \cdots, a_n$, 使得*

$$a_0 + a_1\alpha + \cdots + a_n\alpha^n = 0,$$

那么 α 叫做域 F 上的一个代数元. 假如这样的 $a_0, a_1, \cdots, a_n$ 不存在, α 就叫做 F 上的一个超越元.

有理数域上的代数元称为**代数数** (algebraic number), 不是代数数的数称为**超越数** (transcendental number).

例 4.2.1　$\sqrt{d}, d \in \mathbb{Q}$ 以及虚数单位 i, 它们分别是有理数域 $\mathbb{Q}$ 上多项式 $x^2 - d, x - d$ 以及 $x^2 + 1$ 的根. 所以根据定义, $\sqrt{d}, d \in \mathbb{Q}$ 以及虚数单位 i 都是有理数域 $\mathbb{Q}$ 上的代数元 (代数数). 圆周率 π 和自然底数 e 在有理数域 $\mathbb{Q}$ 上找不到以它们为根的多项式, 所以它们都是有理数域 $\mathbb{Q}$ 上的超越元 (超越数).

定义 4.2.2　*扩域 $F(\alpha)$ 叫做域 F 的**单扩域 (单扩张)** (simple extension). 若 α 是 F 上的一个代数元, $F(\alpha)$ 就叫做 F 的一个**单代数扩域** (simple algebraic extension); 若 α 是 F 上的一个超越元, $F(\alpha)$ 就叫做 F 的一个**单超越扩域** (simple transcendental extension).*

例 4.2.2　$\sqrt{d}, d \in \mathbb{Q}$ 以及虚数单位 i, 则 $\mathbb{Q}(\sqrt{d})$, $\mathbb{Q}(d)$ 以及 $\mathbb{Q}(\text{i})$ 都是有理数域 $\mathbb{Q}$ 的单代数扩域. $\mathbb{Q}(\pi)$, $\mathbb{Q}(\text{e})$ 都是有理数域 $\mathbb{Q}$ 的单超越扩域.

当 α 是域 F 的代数元时, 设非零多项式 $p(x) \in F[x]$ 的根是 α, 那么对于任意 $f(x) \in F[x]$, 有

$$f(x) \neq f(x) + p(x), f(\alpha) = f(\alpha) + p(\alpha).$$

也就是说, 我们不能由 $f(\alpha) = g(\alpha)$ 来得到 $f(x) = g(x)$. 但是对于域 F 上的超越元 α 来说, 则有

$$f(x) = g(x) \Longleftrightarrow f(\alpha) = g(\alpha).$$

事实上, 若 $f(x) = g(x)$, 显然有 $f(\alpha) = g(\alpha)$; 反之, 如果 $f(\alpha) = g(\alpha)$, 但 $f(x) \neq g(x)$, 则存在非零多项式 $p(x) = f(x) - g(x) \in F[x]$, 使得 $p(\alpha) = 0$, 这与 α 为 F 上的超越元矛盾. 结合这里的分析, 我们将说明为何要区分域上的代数元和超越元.

定义 4.2.3 设 E 是域 F 的扩域, $\alpha \in E$ 是 F 的代数元, 满足 $p(\alpha) = 0$ 的 F 上的次数最低的多项式

$$p(x) = x^n + a_{n-1}x^{n-1} + \cdots + a_0$$

叫做元素 α 在 F 上的**极小多项式** (minimal polynomial), n 叫做 α 在 F 上的**次数** (degree).

例 4.2.3 虚数单位 i 在有理数域 $\mathbb{Q}$ 和实数域 $\mathbb{R}$ 上的极小多项式都是

$$x^2 + 1,$$

即 i 在 $\mathbb{Q}$ 和 $\mathbb{R}$ 上的次数均为 2.

例 4.2.4 令 $\alpha = \mathrm{e}^{2\pi \mathrm{i}/3}$, 则有 $\alpha^3 - 1 = 0$ 以及

$$x^3 - 1 = (x-1)(x^2 + x + 1),$$

故 α 在有理数域 $\mathbb{Q}$ 和实数域 $\mathbb{R}$ 上的极小多项式都是

$$x^2 + x + 1,$$

所以 α 是 $\mathbb{Q}$ 和 $\mathbb{R}$ 上的二次代数元.

利用第 3 章多项式环中的带余除法以及 $F[x]$ 是主理想整环, 容易证明极小多项式具有如下性质.

定理 4.2.4 域 F 上的代数元 α 在 F 上的极小多项式是唯一的. 若 α 在 F 上的极小多项式是 $p(x)$, 则 $p(x)$ 在 F 上不可约. 若 $f(x)$ 为 F 上的一个多项式且 α 是它的根, 则 $p(x)|f(x)$.

例 4.2.5 令 α 是有理数域 $\mathbb{Q}$ 上多项式

$$p(x) = x^2 + 2x + 2$$

的根. 易见, $\alpha = -1 \pm \mathrm{i}$, 则 $p(x)$ 的根不在 $\mathbb{Q}$ 上. 所以 $p(x)$ 在 $\mathbb{Q}$ 上不可约, $p(x)$ 是 α 的极小多项式.

定理 4.2.4 说明不可约多项式 $p(x)$ 在相伴的意义下是由域 F 上的代数元 α 唯一确定的. 因此, 如果进一步要求 $p(x)$ 的首项次数为 1, 则这样的不可约多项式 $p(x)$ 必是唯一的.

定理 4.2.5 若 α 是 F 的一个超越元, 则

$$F(\alpha) \cong F(x),$$

这里 $F(x)$ 是 $F[x]$ 的分式域.

若 α 是 F 上的一个代数元, 则

$$F(\alpha) \cong F[x]/(p(x)),$$

这里 $p(x)$ 是 α 在 F 上的极小多项式, $F[x]$ 是 F 上的一个未定元 x 的多项式环.

证明 令

$$F[\alpha] = \{f(\alpha)|f(x) \in F[x]\},$$

则 $F[\alpha]$ 是域 $F(\alpha)$ 的一个子环. 又易知

$$\varphi : f(x) \longrightarrow f(\alpha)$$

是 $F[x]$ 到 $F[\alpha]$ 的一个同态满射.

(1) 当 α 为 F 上的超越元时, φ 是同构映射, 于是

$$F[x] \cong F[\alpha].$$

由于同构的环其分式域也同构, $F[x]$ 的分式域是 $F(x)$, 又易知 $F[\alpha]$ 的分式域是 $F(\alpha)$, 因此

$$F(\alpha) \cong F(x).$$

(2) 当 α 为 F 上的代数元时, 设 $p(x)$ 为 α 在 F 上的极小多项式, 则易知

$$\mathrm{Ker}\varphi = (p(x)).$$

由环同态基本定理,

$$F[x]/(p(x)) \cong F[\alpha].$$

由于 $p(x)$ 在域 F 上不可约, $(p(x))$ 是 $F[x]$ 的极大理想, 故 $F[x]/(p(x))$ 为域, 从而此时 $F[\alpha]$ 也是域. 但 $F(\alpha)$ 是包含 F 及 α 的最小域, 故 $F[\alpha] = F(\alpha)$. 因此, 有 $F(\alpha) = F[\alpha] \cong F[x]/(p(x))$. $\qquad\square$

当 α 是域 F 上的代数元时, 还可以将 $F(\alpha)$ 描述得更清楚一点. 令 α 是域 F 上的一个代数元, 并且

$$F(\alpha) \cong F[x]/(p(x)),$$

那么 $F(\alpha)$ 的每一个元素都可以唯一地表示为

$$\sum_{i=0}^{n-1} a_i\alpha^i \quad (a_i \in F)$$

的形式, 这里 n 是 $p(x)$ 的次数. 要把这样的两个多项式 $f(\alpha)$ 和 $g(\alpha)$ 相加, 只需要将相应的系数相加; $f(\alpha)$ 与 $g(\alpha)$ 的乘积等于 $r(\alpha)$, 这里 $r(x)$ 是用 $p(x)$ 除 $f(x)g(x)$ 所得的余式.

例 4.2.6　由于 i 在 $\mathbb{Q}$ 和 $\mathbb{R}$ 上的极小多项式都是 $x^2 + 1$, 因此有

$$\mathbb{Q}[i] \cong \mathbb{Q}[x]/(x^2 + 1),$$

$$\mathbb{C} = \mathbb{R}[i] \cong \mathbb{R}[x]/(x^2 + 1).$$

例 4.2.7　$\sqrt{2} + \sqrt{3}$ 在 $\mathbb{Q}$ 上的极小多项式为 $x^4 - 10x^2 + 1$ (证明作为练习).

由定理 4.2.5 可知, F 的任何单超越扩域都是同构的. 对于单代数扩域有如下性质.

定理 4.2.6　对于任一给定的域 F 以及多项式环 $F[x]$ 的不可约多项式

$$p(x) = x^n + a_{n-1}x^{n-1} + \cdots + a_0,$$

总存在 F 的单代数扩域 $F(\alpha)$, 其中 α 在 F 上的极小多项式是 $p(x)$.

证明　因为 $(p(x))$ 是一个极大理想, 所以剩余类环 $K' = F[x]/(p(x))$ 是一个域. 易知从 $F[x]$ 到 K' 的映射

$$f(x) \to \overline{f(x)},$$

为同态满射, 其中 $\overline{f(x)}$ 是 $f(x)$ 所在的剩余类. 由于 $F \subset F[x]$, 在这个同态满射之下, F 的像 $\overline{F} \subseteq K'$, 并且 F 与 $\overline{F}$ 同态. 但对于 F 的元 a 和 b 来说,

$$a \neq b \Leftrightarrow \overline{a - b} \neq \overline{0} \Leftrightarrow \overline{a} \neq \overline{b}.$$

所以 F 与 $\overline{F}$ 同构. 这样, 由于 K' 和 F 没有共同元素, 所以可以把 K' 的子集 $\overline{F}$ 用 F 来换掉, 从而得到一个域 K, 使得

$$K \cong K', \ F \subseteq K.$$

现在我们看 $F[x]$ 的元 x 在 K' 里的像 $\overline{x}$. 由于

$$p(x) = x^n + a_{n-1}x^{n-1} + \cdots + a_0 \equiv 0 \pmod{p(x)},$$

所以在 K' 中

$$\overline{x^n} + \overline{a_{n-1}x^{n-1}} + \cdots + \overline{a_0} = \overline{0}.$$

因此, 假如把 $\overline{x}$ 在 K 里的逆像叫做 α, 我们就有

$$\alpha^n + a_{n-1}\alpha^{n-1} + \cdots + a_0 = 0.$$

这样, 域 K 包含一个 F 上的代数元 α. 我们证明, $p(x)$ 就是 α 在 F 上的极小多项式. 令 $p_1(x)$ 是 α 在 F 上的极小多项式, 那么 $F[x]$ 中一切满足条件 $f(\alpha) = 0$ 的

多项式 $f(x)$ 显然作成一个理想, 而这个理想就是主理想 $(p_1(x))$. 因此 $p(x)$ 能被 $p_1(x)$ 整除. 但 $p(x)$ 不可约, 所以一定有

$$p(x) = ap_1(x), \quad a \in F.$$

因为 $p(x)$ 和 $p_1(x)$ 的首项系数都是 1, 所以 $a = 1$, 即 $p(x) = p_1(x)$. 因此可以在域 K 中作单扩域 $F(\alpha)$, 而 $F(\alpha)$ 能满足定理的要求. 实际上, $F(\alpha) = K$. □

根据定理 4.2.5 和定理 4.2.6, 我们有

定理 4.2.7 在同构的意义下, 域 F 上仅有一个单代数扩域 $F(\alpha)$, 其中 α 的极小多项式是 F 上首项系数为 1 的不可约多项式.

例 4.2.8 有理数域 $\mathbb{Q}$ 上不可约多项式

$$p(x) = x^4 - 10x^2 + 1$$

的根分别为 $\alpha_1 = \sqrt{2} + \sqrt{3}$, $\alpha_2 = -\sqrt{2} - \sqrt{3}$, $\alpha_3 = \sqrt{2} - \sqrt{3}$ 以及 $\alpha_4 = \sqrt{3} - \sqrt{2}$. 显然, $\alpha_1, \alpha_2, \alpha_3, \alpha_4$ 这四个元素有相同的极小多项式 $p(x)$. 在同构意义下, 这四个元素对应的单代数扩域是相同的, 即

$$\mathbb{Q}(\alpha_1) = \mathbb{Q}(\alpha_2) = \mathbb{Q}(\alpha_3) = \mathbb{Q}(\alpha_4).$$

例 4.2.9 $\mathbb{Q}(\sqrt{2})$ 不同构于 $\mathbb{Q}(\sqrt{3})$.

证明 反证法. 假设存在同构映射

$$\varphi : \mathbb{Q}(\sqrt{2}) \to \mathbb{Q}(\sqrt{3}).$$

设

$$\varphi(\sqrt{2}) = a + b\sqrt{3}, \quad a, b \in \mathbb{Q},$$

则由 $\varphi(1) = 1$ 和 $\varphi(2) = 2$ 可知

$$2 = \varphi(2) = \varphi(\sqrt{2})^2 = (a + b\sqrt{3})^2 = a^2 + 3b^2 + 2ab\sqrt{3},$$

于是 a, b 满足

$$\begin{cases} a^2 + 3b^2 = 2, \\ 2ab = 0, \end{cases}$$

这与 a, b 为有理数矛盾.

多项式 $x^2 - 2, x^2 - 3$ 分别是 $\sqrt{2}, \sqrt{3}$ 在有理数域 $\mathbb{Q}$ 上的极小多项式, 它们次数相同, 但对应的代数元添加到 $\mathbb{Q}$ 上得到不同构的单代数扩域 $\mathbb{Q}(\sqrt{2})$ 与 $\mathbb{Q}(\sqrt{3})$. □

习题 4.2

1. 求 $\sqrt{2} + \sqrt{3}$ 在 $\mathbb{Q}$ 上的极小多项式.
2. 证明: α 是域 F 上的代数元当且仅当 α^2 是域 F 上的代数元.
3. 证明定理 4.2.7.
4. 证明: $\mathbb{Q}(\sqrt{2}, \sqrt[3]{3}) \neq \mathbb{Q}(\sqrt[6]{6})$.
5. 分别写出剩余类环 $\mathbb{Z}_3$ 上的一元多项式环 $\mathbb{Z}_3[x]$ 中的一个二次和三次不可约多项式.
6. 证明: $\mathbb{Q}(\sqrt{2})$ 与 $\mathbb{Q}(i)$ 不同构.

4.3 代数扩域

结合上一节的讨论可知, 单扩域是最基本的扩域, 而单代数扩域与单超越扩域的结构又不相同. 一般来说, 设 E 是域 F 的一个扩域, 则 E 中的元素有些可能是 F 上的代数元, 而有些可能是 F 上的超越元. 关于超越扩域, 我们不做主要讨论. 关于代数扩域, 我们将数域上的向量空间加以推广, 从而来刻画代数扩域的构造.

4.3.1 向量空间

定义 4.3.1 设 V 是一个带有加法 (记作 "$+$") 运算的非空集合, F 是一个域. 如果 V 关于加法运算构成一个交换群, 并且对每个 $k \in F, v \in V$, 在 V 中可唯一地确定一个元素 kv (称为 k 与 v 的标量乘法), 使得对所有的 $k, l \in F, u, v \in V$, 满足

(1) $(kl)v = k(lv)$;

(2) $(k+l)v = kv + lv$;

(3) $k(u+v) = ku + kv$;

(4) $1v = v$,

则称 V 为域 F 上的一个**向量空间** (vector space) 或**线性空间** (linear space).

例 4.3.1 集合 $F^n = \{(a_1, a_2, \cdots, a_n) | a_i \in F\}$ 是域 F 上的向量空间, 其加法运算和标量乘法运算分别为

$$(a_1, a_2, \cdots, a_n) + (b_1, b_2, \cdots, b_n) = (a_1 + b_1, a_2 + b_2, \cdots, a_n + b_n),$$

$$k(a_1, a_2, \cdots, a_n) = (ka_1, ka_2, \cdots, ka_n).$$

例 4.3.2 设 p 是素数, 则 $\mathbb{Z}_p$ 是一个域. 一元多项式环 $\mathbb{Z}_p[x]$ 可表示为

$$\left\{ \sum_{i=0}^{m} a_i x^i \,\middle|\, a_i \in \mathbb{Z}_p, m\text{是一个非负整数} \right\}.$$

显然, 这个环关于通常多项式的加法和标量乘法构成有限域 $\mathbb{Z}_p$ 上的一个向量空间.

例 4.3.3 域 F 的扩域 E 是 F 上的一个向量空间. 设 $E = F(\alpha)$ 是 F 上的 n 次单代数扩域, 则 E 是 F 上的一个 n 维向量空间, 且 E 的每一个元素都可以唯一地表示成

$$\sum_{i=0}^{n-1} a_i \alpha^i \quad (a_i \in F),$$

即 E 的一组基为

$$1, \quad \alpha, \quad \alpha^2, \quad \cdots, \quad \alpha^{n-1}.$$

值得注意的是, F 上的向量空间一般不一定是扩域.

定义 4.3.2 如果域 F 的扩域 E 中的每一个元素都是 F 上的代数元, 则称 E 为 F 的一个**代数扩域 (张)** (algebraic extension), 否则称 E 为 F 的一个**超越扩域 (张)** (transcendental extension).

域 F 中的元素当然都是 F 上的代数元, 所以每一个域 F 必是自身的代数扩域. 如果 E 是 F 的超越扩域, 并且 E 中除 F 的元素外, 都是 F 上的超越元, 则称 E 是 F 的一个纯超越扩域.

例 4.3.4 复数域 $\mathbb{C}$ 是实数域 $\mathbb{R}$ 的向量空间, 同时也是实数域 $\mathbb{R}$ 的一个代数扩域. 实数域 $\mathbb{R}$ 不是有理数域 $\mathbb{Q}$ 的代数扩域, 因为圆周率 π 是有理数域上的超越元.

定义 4.3.3 设 E 是域 F 的扩域, E 作为 F 上的向量空间, 如果 E 在 F 上是有限维的, 则称 E 是 F 的**有限扩域** (finite extension). 此时, 向量空间 E 在 F 上的维数称为 E 在 F 上的 (扩张) 次数, 记为 $(E : F)$; 如果 E 在 F 上是无限维的, 则称 E 为 F 的**无限扩域** (infinite extension).

例 4.3.5 复数域 $\mathbb{C}$ 作为实数域 $\mathbb{R}$ 上的向量空间有基 $1, \mathrm{i}$, 所以 $(\mathbb{C} : \mathbb{R}) = 2$.

例 4.3.6 因为 $1, \pi, \pi^2, \cdots, \pi^n, \cdots$ 在 $\mathbb{Q}$ 上线性无关, 所以 $\mathbb{Q}(\pi)$ 在 $\mathbb{Q}$ 上的扩张次数是 $(\mathbb{Q}(\pi) : \mathbb{Q}) = +\infty$. 显然 $\mathbb{Q}(\pi) \subseteq \mathbb{R} \subseteq \mathbb{C}$, 所以 $\mathbb{R}$ 和 $\mathbb{C}$ 均是有理数域 $\mathbb{Q}$ 的无限次扩张.

4.3.2 代数扩域

关于代数扩域, 有一个很自然的问题. 当集合 S 中的元素都是 F 上的代数元时, $F(S)$ 中的元素是否都是 F 上的代数元? 也就是说, $F(S)$ 是否为 F 的代数扩域. 域 $F(S)$ 中除了 $F \cup S$ 以外, 还包含了由 $F \cup S$ 中的元素通过加、减、乘、除所得到的一切元素. 所以要完整回答这个问题还需要判断 F 上代数元的和、差、积、商是否仍为 F 上的代数元.

关于扩域的次数我们有如下重要的结论.

定理 4.3.4 设 K 为域 F 的有限扩域, E 为域 K 的有限扩域, 则 E 也是域 F 的有限扩域, 且

$$(E:F) = (E:K)(K:F).$$

证明 设 $(K:F)=n, (E:K)=m$, 而 $\alpha_1,\alpha_2,\cdots,\alpha_n$ 是 K 在 F 上的一组基, $\beta_1,\beta_2,\cdots,\beta_m$ 是 E 在 K 上的一组基, 则对任意 $\alpha \in E$, 有

$$\alpha = \sum_{j=1}^{m}\lambda_j\beta_j, \quad \lambda_j \in K.$$

同样,

$$\lambda_j = \sum_{i=1}^{n}\mu_{ij}\alpha_i, \quad j=1,2,\cdots,n; \quad \mu_{ij} \in F.$$

因此,

$$\alpha = \sum_{j=1}^{m}\lambda_j\beta_j = \sum_{j=1}^{m}\left(\sum_{i=1}^{n}\mu_{ij}\alpha_i\right)\beta_j = \sum_{i=1}^{n}\sum_{j=1}^{m}\mu_{ij}\alpha_i\beta_j, \quad \mu_{ij} \in F,$$

即 α 可由 $\alpha_i\beta_j(i=1,2,\cdots,n;j=1,2,\cdots,m)$ 线性表出, 如果能证明

$$\alpha_i\beta_j \quad (i=1,2,\cdots,n;j=1,2,\cdots,m)$$

线性无关, 那么它们就是向量空间 E 在 F 上的一组基, 即定理结论成立. 设 $a_{ij} \in F$, 使得

$$0 = \sum_{i=1}^{n}\sum_{j=1}^{m}a_{ij}\alpha_i\beta_j = \sum_{j=1}^{m}\left(\sum_{i=1}^{n}a_{ij}\alpha_i\right)\beta_j.$$

由于 $\beta_1,\beta_2,\cdots,\beta_m$ 在 K 上线性无关, 故有

$$\sum_{i=1}^{n}a_{ij}\alpha_i = 0 \quad (j=1,2,\cdots,m).$$

又因 $a_1,a_2,\cdots,a_n$ 在 F 上线性无关, 则有

$$a_{ij} = 0 \quad (i=1,2,\cdots,n;j=1,2,\cdots,m).$$

所以 $\alpha_i\beta_j(i=1,2,\cdots,n;j=1,2,\cdots,m)$ 是 E 在 F 上的一组基. □

例 4.3.7 令 $F = \mathbb{Q}$ 是有理数域, $K = \mathbb{Q}(\sqrt{2})$ 是 F 的扩域以及 $E = \mathbb{Q}(\sqrt{2},\sqrt{3})$ 是 K 的扩域. 显然, E 是 F 的扩域. E 在 F 上的基为

$$1, \quad \sqrt{2}, \quad \sqrt{3}, \quad \sqrt{2} \cdot \sqrt{3} = \sqrt{6}.$$

E 在 K 上的基为 $1, \sqrt{3}$. K 在 F 上的基为 $1, \sqrt{2}$. 所以,

$$(E:F) = 4, \quad (E:K) = (K:F) = 2,$$

即有 $(E:F) = (E:K)(K:F)$.

用数学归纳法可进一步证明

推论 4.3.5　如果 $F_1, F_2, \cdots, F_t$ 是域, 其中域 F_{i+1} 是域 F_i 的有限扩域, 那么

$$(F_t:F_1) = (F_t:F_{t-1})(F_{t-1}:F_{t-2}) \cdots (F_2:F_1).$$

上一节我们讨论了单扩域, 尤其是单代数扩域, 下面给出单代数扩域与代数扩域的关系.

定理 4.3.6　单代数扩域是代数扩域.

证明　设 α 为域 F 上的一个 n 次代数元, 根据例 4.3.3 可知, 对任意 $\gamma \in F(\alpha)$, 都有

$$\gamma = a_0 + a_1 \alpha + \cdots + a_{n-1} \alpha^{n-1}.$$

对任意 $\beta \in F(\alpha)$, 因为 $F(\alpha)$ 是一个域, 所以 $1, \beta, \beta^2, \cdots, \beta^n \in F(\alpha)$, 即向量组 $1, \beta, \beta^2, \cdots, \beta^n$ 可以由 $1, \alpha, \alpha^2, \cdots, \alpha^{n-1}$ 线性表出, 由于 $n+1 > n$, 故向量组 $1, \beta, \beta^2, \cdots, \beta^n$ 线性相关, 即有不全为零的元素 $b_0, b_1, b_2, \cdots, b_n \in F$, 使得

$$b_0 + b_1 \beta + b_2 \beta^2 + \cdots + b_n \beta^n = 0,$$

即 β 是 F 上的非零多项式

$$f(x) = b_0 + b_1 x + b_2 x^2 + \cdots + b_n x^n$$

的根. 因此, β 是 F 上的一个代数元, 从而 $F(\alpha)$ 是 F 的一个代数扩域.　□

由定理 4.3.6 的证明可以得到如下两个事实.

推论 4.3.7　单代数扩域是有限扩域, 且 $(F(\alpha):F)$ 为 α 在 F 上的次数; 单超越扩域是无限扩域.

推论 4.3.8　有限扩域一定是代数扩域.

证明　设 E 为域 F 上的 n 次扩域, 则对任意 $\alpha \in E$, 由于 $1, \alpha, \alpha^2, \cdots, \alpha^n$ 线性相关, 因而有不全为零的元素 $a_0, a_1, \cdots, a_n \in F$ 使得

$$a_0 + a_1 \alpha + \cdots + a_n \alpha^n = 0,$$

即 α 为 F 上的代数元, 从而 E 为 F 的代数扩域.　□

以后我们将知道, 推论 4.3.8 的逆命题不成立, 即代数扩域未必是有限扩域.

定理 4.3.9 设 $\alpha_1, \alpha_2, \cdots, \alpha_t$ 都是域 F 上的代数元, 那么 $F(\alpha_1, \alpha_2, \cdots, \alpha_t)$ 是 F 的有限扩域, 从而是 F 的代数扩域.

证明 我们用归纳法. 由定理 4.3.6, 当 $t = 1$ 时, 定理成立. 假定当我们只添加 $t-1$ 个元 $\alpha_1, \alpha_2, \cdots, \alpha_{t-1}$ 于 F 时, 定理成立, 换言之, 假定 $F(\alpha_1, \alpha_2, \cdots, \alpha_{t-1})$ 是 F 的有限扩域. 因为

$$F(\alpha_1, \alpha_2, \cdots, \alpha_t) = F(\alpha_1, \alpha_2, \cdots, \alpha_{t-1})(\alpha_t),$$

并且 α_t 是 F 上的代数元, 所以它也是 $F(\alpha_1, \alpha_2, \cdots, \alpha_{t-1})$ 上的代数元. 由推论 4.3.7, $F(\alpha_1, \alpha_2, \cdots, \alpha_t)$ 是 $F(\alpha_1, \alpha_2, \cdots, \alpha_{t-1})$ 的单代数扩域, 也是有限扩域. 由于

$$F \subseteq F(\alpha_1, \alpha_2, \cdots, \alpha_{t-1}) \subseteq F(\alpha_1, \alpha_2, \cdots, \alpha_t),$$

根据定理 4.3.6, $F(\alpha_1, \alpha_2, \cdots, \alpha_t)$ 是 F 的有限扩域. 再由推论 4.3.8, 它是 F 的代数扩域. □

根据定理 4.3.9, 有如下两个结论.

推论 4.3.10 一个域 F 上的两个代数元的和、差、积、商 (分母不为零) 仍是 F 上的代数元.

推论 4.3.11 设 E 为 F 的任意扩域, 那么由 E 中的所有 F 上的代数元作成的集合 K 构成 F 的一个代数扩域.

例 4.3.8 设 E 是 F 的一个扩域, $(E : F) = 7$, 那么 E 是 F 的单代数扩域. 事实上, 任取 $\alpha \in E, \alpha \notin F$, 则 $F(\alpha) \subseteq E, F(\alpha) \neq F$, 而

$$7 = (E : F) = (E : F(\alpha))(F(\alpha) : F).$$

故 $(F(\alpha) : F) | 7$, 又 $(F(\alpha) : F) \neq 1$, 所以 $(F(\alpha) : F) = 7$, 从而我们有 $(E : F(\alpha)) = 1$, 即 $E = F(\alpha)$.

例 4.3.9 设 $\alpha = \sqrt[3]{2}$ 以及 $\beta = \sqrt[4]{5}$, 求 $(\mathbb{Q}(\alpha, \beta) : \mathbb{Q})$.

证明 首先设 $(\mathbb{Q}(\alpha, \beta) : \mathbb{Q}) = n$. 因为

$$\mathbb{Q} \subset \mathbb{Q}(\alpha) \subset \mathbb{Q}(\alpha, \beta),$$

以及

$$\mathbb{Q} \subset \mathbb{Q}(\beta) \subset \mathbb{Q}(\alpha, \beta),$$

所以 $(\mathbb{Q}(\alpha) : \mathbb{Q}) = 3$ 整除 n, $(\mathbb{Q}(\beta) : \mathbb{Q}) = 4$ 整除 n. 因为 $\gcd(3, 4) = 1$, 从而 $12 | n$, 即 $n \geqslant 12$. 另一方面, 考虑如下元素:

$$r = \alpha\beta,$$

则由 $r^{12} = 2^4 5^3$, 定义如下多项式:

$$f(x) = x^{12} - 2^4 5^3.$$

所以有

$$(\mathbb{Q}(r) : \mathbb{Q}) \leqslant 12.$$

又因为

$$r^3 = 2\beta^3 = \frac{10}{\beta}, \quad r^4 = 10\alpha,$$

即

$$\alpha = \frac{r^4}{10}, \quad \beta = \frac{10}{r^3} \in \mathbb{Q}(r),$$

从而

$$\mathbb{Q}(\alpha, \beta) \subset \mathbb{Q}(r) \Rightarrow (\mathbb{Q}(\alpha, \beta) : \mathbb{Q}) \leqslant (\mathbb{Q}(r) : \mathbb{Q}) \leqslant 12,$$

即 $(\mathbb{Q}(\alpha, \beta) : \mathbb{Q}) = 12$. □

习题 4.3

1. 令 E 是域 F 的一个代数扩域, 而 α 是 E 上的一个代数元. 证明: α 是 F 上的一个代数元.

2. 令 F, I 和 E 是三个域, 并且满足 $F \subseteq I \subseteq E$ 和 $(I : F) = 4$. 若 E 中的元素 α 在 F 上的次数是 n 且 $\gcd(m, n) = 1$. 证明: α 在 I 上的次数也是 n.

3. 证明: 域 F 上关于未定元 x 的有理分式域 $F(x)$ 是 F 的一个纯超越扩域.

4. 求 $\mathbb{Q}(\sqrt{3}, \sqrt[3]{3}, \sqrt[4]{3})$ 在 $\mathbb{Q}$ 上的次数和基.

5. 证明: $\mathbb{Q}(\sqrt{2}, \sqrt[3]{2}, \sqrt[4]{2}, \cdots)$ 是 $\mathbb{Q}$ 上的代数扩域, 但不是有限扩域.

4.4 多项式的分裂域

我们知道, 复数域上任一非常数多项式都可以分解为一次因式的乘积. 在有理数域 $\mathbb{Q}$ 上存在不能分解的多项式, 譬如 $x^2 + 1$ 和 $x^2 + 2$ 等. 但是可以找到 $\mathbb{Q}$ 的代数扩域 $E = \mathbb{Q}(i)$ 使 $x^2 + 1$ 完全分解, 以及 $E = \mathbb{Q}(i, \sqrt{2})$ 使 $x^2 + 2$ 完全分解. 本节介绍由已知域 F 和 F 上的一个多项式 $f(x)$ 来构造一个域 F 的扩域 E, 使得 $f(x)$ 在 $E[x]$ 中可以分解成一次因式的乘积, 即完全分解.

定义 4.4.1 设 $f(x)$ 是域 F 上的一个 n $(n \geqslant 1)$ 次多项式, 若 F 的扩域 E 满足

(1) 在 $E[x]$ 中 $f(x)$ 可以完全分解, 即

$$f(x) = a_0(x - \alpha_1)(x - \alpha_2) \cdots (x - \alpha_n),$$

其中 $a_0 \in F$, $\alpha_i \in E$;

(2) $f(x)$ 在任何包含 F 但比 E 小的子域上都不能完全分解, 则称 E 是 $f(x)$ 在 F 上的一个分裂域.

这就是说, E 是包含 F 且 $f(x)$ 能在其中完全分解的最小域.

因为 $F(\alpha_1, \alpha_2, \cdots, \alpha_n)$ 是域, 且

$$F \subseteq F(\alpha_1, \alpha_2, \cdots, \alpha_n) \subseteq E,$$

而 $f(x)$ 在 $F(\alpha_1, \alpha_2, \cdots, \alpha_n)$ 中可完全分解, E 又是 $f(x)$ 在 F 上的分裂域, 故只有

$$E = F(\alpha_1, \alpha_2, \cdots, \alpha_n).$$

因此, $f(x)$ 在 F 上的分裂域是 F 的一个有限次扩域, 从而是 F 的一个代数扩域. $f(x)$ 在 F 上的分裂域也称为 $f(x)$ 在 F 上的根域.

例 4.4.1 $\mathbb{Q}(\sqrt{2})$ 是多项式 $x^2 - 2$ 在有理数域 $\mathbb{Q}$ 上的一个分裂域. 但是 $x^2 - 2$ 在实数域 $\mathbb{R}$ 上的分裂域显然就是 $\mathbb{R}$ 本身.

例 4.4.2 求 $f(x) = x^3 - 2$ 在 $\mathbb{Q}$ 上的分裂域.

证明 令 $\omega = -\dfrac{1}{2} + \dfrac{\sqrt{3}}{2}\mathrm{i}$. 因为

$$f(x) = (x - \sqrt[3]{2})(x - \sqrt[3]{2}\omega)(x - \sqrt[3]{2}\omega^2),$$

所以 $f(x)$ 在 $\mathbb{Q}$ 上的分裂域为 $\mathbb{Q}(\sqrt[3]{2}, \sqrt[3]{2}\omega, \sqrt[3]{2}\omega^2)$. 而

$$\mathbb{Q}(\sqrt[3]{2}, \sqrt[3]{2}\omega, \sqrt[3]{2}\omega^2) = \mathbb{Q}(\sqrt[3]{2}, \omega),$$

所以 $f(x) = x^3 - 2$ 的分裂域是 $\mathbb{Q}(\sqrt[3]{2}, \omega)$. □

例 4.4.3 求 $f(x) = x^3 - 1$ 在实数域 $\mathbb{R}$ 上的分裂域.

证明 因为

$$\mathbb{R}\left(1, \frac{-1 + \sqrt{3}\mathrm{i}}{2}, \frac{-1 - \sqrt{3}\mathrm{i}}{2}\right) = \mathbb{R}(\mathrm{i})$$

是复数域, 故 $x^3 - 1$ 在实数域上的分裂域是复数域. □

对一般域 E 来说, 如果 E 上的每个多项式都能分解成 E 上一次多项式的乘积, 则称这样的 E 为 **代数闭域** (algebraically closed field). 这样, 复数域就是一个代数闭域. 代数闭域不再有真正的代数扩域. 事实上, 设 E 是一个代数闭域, 而 α 是 E 上的任意一个代数元, 则由于 α 在 E 上的极小多项式在 E 上不可约, 又 E 上只有一次多项式不可约, 故 α 在 E 上的极小多项式只能是 $x - \alpha$, 其中 $\alpha \in E$.

施泰尼茨在 1910 年证明了每个域 (在同构意义下) 有唯一的代数扩张, 使得该扩张是代数闭域. 1799 年, 年仅 22 岁的高斯证明了复数域 $\mathbb{C}$ 是代数闭域. 这一结论在当时被认为非常重要, 以至于被称为 "代数基本定理". 此后, 高斯又给出了该定理的另外三个证明.

我们不打算继续讨论代数闭域, 下面讨论分裂域的存在性.

定理 4.4.2 设 $f(x)$ 是域 F 上一个 $n(n > 0)$ 次多项式, 则 $f(x)$ 在 F 上的分裂域存在.

证明 对 $f(x)$ 的次数 n 用归纳法. 当 $n = 1$ 时, 显然 F 本身就是 $f(x)$ 在 F 上的分裂域. 假定对 $n - 1$ 次的多项式定理成立, 下证 $f(x)$ 的次数是 n 时定理也成立.

任取 $f(x)$ 的一个首项系数为 1 且在 F 上不可约的因式 $p(x)$, 由单扩域存在定理可知, 有单扩域 $F(\alpha_1)$ 存在, 其中 α_1 在 F 上的极小多项式是 $p(x)$. 在域 $F(\alpha_1)$ 上, $f(x)$ 至少可分解为

$$f(x) = (x - \alpha_1)f_1(x),$$

其中 $f_1(x)$ 是域 $F(\alpha_1)$ 上的 $n - 1$ 次多项式. 由归纳假设, $f_1(x)$ 在 $F(\alpha_1)$ 上有分裂域存在, 设为

$$F(\alpha_1)(\alpha_2, \cdots, \alpha_n),$$

其中 $\alpha_2, \cdots, \alpha_n$ 为 $f_1(x)$ 的根, 从而 $\alpha_1, \alpha_2, \cdots, \alpha_n$ 就是 $f(x)$ 的所有根. 因此 $F(\alpha_1, \alpha_2, \cdots, \alpha_n)$ 就是 $f(x)$ 在 F 上的分裂域. □

例 4.4.4 由 $f(x) = x^4 - x^2 - 2 = (x^2 - 2)(x^2 + 1) \in \mathbb{Q}[x]$ 可得 $f(x)$ 的根是 $\pm\sqrt{2}$ 和 $\pm i$, 所以 $f(x)$ 在 $\mathbb{Q}$ 上的分裂域是

$$\mathbb{Q}(\sqrt{2}, i) = \mathbb{Q}[\sqrt{2}, i] = \{a + b\sqrt{2} + ci + d\sqrt{2}i \mid a, b, c, d \in \mathbb{Q}\}.$$

例 4.4.5 求 $f(x) = x^{p-1} + x^{p-2} + \cdots + x + 1$ 在有理数域 $\mathbb{Q}$ 上的分裂域, 其中 p 为素数.

证明 用适当的变量代换和艾森斯坦判别法可知 $f(x)$ 在 $\mathbb{Q}$ 上是一个不可约多项式, 作有理数域 $\mathbb{Q}$ 的扩域

$$E = \mathbb{Q}(\alpha) \cong \mathbb{Q}[x]/(f(x)),$$

其中 α 是 $f(x)$ 的一个根. 因为

$$\alpha^p - 1 = (\alpha - 1)(\alpha^{p-1} + \alpha^{p-2} + \cdots + \alpha + 1) = 0,$$

所以 $\alpha^p = 1$ 且 $\alpha \neq 1$. 由于 p 为素数, 故 $\alpha, \alpha^2, \cdots, \alpha^{p-1}$ 两两互异且都是 $f(x)$ 的根, 因此 $f(x)$ 不再有其他的根, 即

$$f(x) = (x - \alpha)(x - \alpha^2) \cdots (x - \alpha^{p-1}).$$

而

$$E = \mathbb{Q}(\alpha, \alpha^2, \cdots, \alpha^{p-1}) = \mathbb{Q}(\alpha)$$

为 $f(x)$ 在 $\mathbb{Q}$ 上的分裂域, 即 $\mathbb{Q}(\alpha)$ 作为 $\mathbb{Q}$ 上的向量空间, 其元素可以表示为

$$\{a_0 + a_1\alpha + \cdots + a_{p-1}\alpha^{p-1} | a_0, a_1, \cdots, a_{p-1} \in \mathbb{Q}\},$$

其基为 $1, \alpha, \alpha^2, \cdots, \alpha^{p-1}$. □

给定 $f(x)$ 后, $f(x)$ 在 F 上的分裂域不仅是存在的, 而且下面将证明, 在同构意义下也是唯一的. 为此我们先引入映射扩张的概念.

定义 4.4.3 设 F 是域 E 的子域, $\overline{F}$ 是域 $\overline{E}$ 的子域, 且 σ 是 F 与 $\overline{F}$ 的一个同构映射. 若 E 与 $\overline{E}$ 的同构映射 φ 能保持 σ 不动, 即对 F 中任何元素 a 都有

$$\varphi(a) = \sigma(a),$$

则称 φ 是 σ 的一个扩张.

如果 σ 是域 F 与 $\overline{F}$ 的同构映射, $a \in F$ 在 σ 之下的像记为 $\overline{a} = \sigma(a)$, 则当

$$f(x) = a_0 + a_1x + \cdots + a_nx^n \in F[x],$$

我们有

$$\overline{f}(x) = \overline{a}_0 + \overline{a}_1x + \cdots + \overline{a}_nx^n \in \overline{F}[x].$$

定理 4.4.4 设 σ 是域 F 与 $\overline{F}$ 的一个同构映射, 则
(1) $g(x)|f(x)$ 当且仅当 $\overline{g}(x)|\overline{f}(x)$;
(2) $p(x)$ 在 F 上不可约当且仅当 $\overline{p}(x)$ 在 $\overline{F}$ 上不可约;
(3) $F(\alpha)$ 是 F 的单代数扩域, $p(x)$ 是 α 在 F 上的极小多项式, $\overline{F}(\overline{\alpha})$ 是 $\overline{F}$ 的单代数扩域, $\overline{p}(x)$ 是 $\overline{\alpha}$ 在 $\overline{F}$ 上的极小多项式, 则

$$F(\alpha) \cong \overline{F}(\overline{\alpha}),$$

并且此自同构是 σ 的扩张, 且把 α 变为 $\overline{\alpha}$.

证明 由于 $F \cong \overline{F}$, 故易知

$$\varphi : f(x) \rightarrow \overline{f}(x)$$

是环 $F[x]$ 到环 $\overline{F}[x]$ 的一个同构映射. 于是对 F 上多项式 $g(x)$, 若有 $g(x)$ $|f(x)$, 令

$$f(x) = g(x)q(x), \quad q(x) \in F[x],$$

则有

$$\overline{f}(x) = \overline{g}(x)\overline{q}(x), \quad \overline{q}(x) \in \overline{F}[x],$$

反之亦成立.

由此得, $p(x)$ 在 F 上不可约当且仅当 $\overline{p}(x)$ 在 $\overline{F}$ 上不可约.

设 $p(x)$ 与 $\overline{p}(x)$ 的次数都是 n, 则单扩域 $F(\alpha)$ 与 $\overline{F}(\overline{\alpha})$ 可以表示成

$$F(\alpha) = \{a_0 + a_1\alpha + \cdots + a_{n-1}\alpha^{n-1} | a_i \in F\}$$

和

$$\overline{F}(\overline{\alpha}) = \{\overline{a}_0 + \overline{a}_1\overline{\alpha} + \cdots + \overline{a}_{n-1}\overline{\alpha}^{n-1} | \overline{a_i} \in \overline{F}\}.$$

令

$$\varphi : \sum_{i=0}^{n-1} a_i\alpha \longmapsto \sum_{i=0}^{n-1} \overline{a_i}\,\overline{\alpha},$$

则易知 φ 是 $F(\alpha)$ 到 $\overline{F}(\overline{\alpha})$ 的一个同构映射, 且在 φ 下保持 σ, 即 φ 是 σ 的扩张; 又显然 $\varphi(\alpha) = \overline{\alpha}$. □

推论 4.4.5 域 F 上多项式 $f(x)$ 的任意两个分裂域同构, 且在此同构下, F 中的元素保持不变.

例 4.4.6 求 $x^n - a$ 在 $\mathbb{Q}$ 上的分裂域, 这里 a 是任一正有理数.

证明 设 $\omega = \cos\dfrac{2\pi}{n} + \mathrm{i}\sin\dfrac{2\pi}{n}$ 是 n 次本原单位根, 那么

$$a^{\frac{1}{n}}, \quad \omega a^{\frac{1}{n}}, \quad \omega^2 a^{\frac{1}{n}}, \quad \cdots, \quad \omega^{n-1} a^{\frac{1}{n}}$$

中的每一个都是 $x^n - a$ 在 $\mathbb{Q}(\sqrt[n]{a}, \omega)$ 中的根, 因此 $x^n - a$ 在 $\mathbb{Q}(\sqrt[n]{a}, \omega)$ 中分裂. 设有域 E, 使得 $\mathbb{Q} \subseteq E \subseteq \mathbb{Q}(\sqrt[n]{a}, \omega)$, 且 $x^n - a$ 在 E 上分裂, 则 $a^{\frac{1}{n}}, \omega a^{\frac{1}{n}} \in E$. 从而 $\omega = (\omega a^{\frac{1}{n}})a^{-\frac{1}{n}} \in E$, 于是 $\mathbb{Q}(\sqrt[n]{a}, \omega) \subseteq E$, 因而 $E = \mathbb{Q}(\sqrt[n]{a}, \omega)$, 由分裂域的定义知 $\mathbb{Q}(\sqrt[n]{a}, \omega)$ 是 $x^n - a$ 在 $\mathbb{Q}$ 上的分裂域. □

习题 4.4

1. $\mathbb{Q}$ 上的单扩域 $\mathbb{Q}(\sqrt[3]{2})$ 是不是 $\mathbb{Q}$ 上某个多项式在 $\mathbb{Q}$ 上的分裂域?
2. 求 $f(x) = x^3 - x^2 - x - 2$ 在 $\mathbb{Q}$ 上的分裂域.

3. 设 $f(x)$ 为域 F 上的一个 n 次多项式, E 是 $f(x)$ 在 F 上的分裂域, 证明:

$$(E : F) \leqslant n!.$$

4. 设 $f(x)$ 为域 F 上的一个二次多项式且 $f(x)$ 在 F 上不可约, 求证: $f(x)$ 的分裂域是 F 的单代数扩域.

5. 求域 $\mathbb{Q}(\sqrt[3]{5})$ 的所有自同构.

6. 设 $f(x) \in F[x], a \in F$. 证明: $f(x)$ 和 $f(x + a)$ 在 F 上有相同的分裂域.

4.5 有　限　域

含有有限个元素的域称为**有限域** (finite field), 其概念最早是由伽罗瓦在 1830 年证明一般五次方程不可解时引入的. 因此有限域又称伽罗瓦域 (Galois field), 以纪念这位法国天才数学家. 在过去的几十年中, 有限域在计算机科学、编码理论、信息论以及密码学中都有重要的应用, 是现代信息通信的数学基础.

有限域也是一种非常具体、精致和有趣的代数结构, 它的许多特殊的性质, 我们将逐一地进行讨论.

引理 4.5.1　设有限域 F 包含一个子域 K, 且 K 的大小为 $|K| = q$, 则 F 中含有元素个数 $|F| = q^m$, 其中 $m = (F : K)$ 为一个正整数.

证明　F 是 K 上的向量空间. 因为 F 是有限的, 所以 F 是 K 上的有限维向量空间. 若 $(F : K) = m$, 则

$$F = \{a_1\alpha_1 + a_2\alpha_2 + \cdots + a_m\alpha_m | a_1, a_2, \cdots, a_m \in K\},$$

其中 $\alpha_1, \alpha_2, \cdots, \alpha_m$ 为 F 在 K 上的一组基. 因为 $\alpha_1, \alpha_2, \cdots, \alpha_m$ 线性无关, 且可以表示出 F 中的每一个元素, 每一个 a_i 可以取遍 K 中的 q 个元素, 所以 $|F| = q^m$.　　　　□

定理 4.5.2　设有限域 F 的特征为素数 p, 则 F 中含有元素个数 $|F| = p^n$, n 为一个正整数.

证明　当有限域 F 的特征为素数 p 时, 根据定理 4.1.2, F 的素子域 K 同构于有限域 $\mathbb{Z}_p$. 设 $n = (F : K)$, 且有 $|K| = |\mathbb{Z}_p| = p$. 由引理 4.5.1 知, F 中含有元素个数 $|F| = p^n$.　　　　□

从素域 $\mathbb{Z}_p$ 出发, 通过向 $\mathbb{Z}_p$ 中添加代数元的方式, 我们可以构造其他有限域 F. 若 $f(x) \in \mathbb{Z}_p[x]$ 是 $\mathbb{Z}_p$ 上次数为 n 的极小多项式, 则添加 $f(x)$ 的一个根 α 到 $\mathbb{Z}_p$ 上, 我们得到一个大小为 p^n 的有限域 $F = \mathbb{Z}_p(\alpha)$, 且

$$\mathbb{Z}_p(\alpha) \cong \mathbb{Z}_p[x]/(f(x)).$$

但是反过来, 对于任意正整数 n, 是否一定存在有限域 $\mathbb{Z}_p$ 上次数为 n 的不可约多项式? 等价地, 对于任意正整数 n, 是否一定存在有限域 F, 使得 $|F| = p^n$ 呢? 接下来, 我们讨论这个问题.

引理 4.5.3 若有限域 F 的大小为 q, 则任意 $a \in F$ 都满足 $a^q = a$.

证明 显然, 当 $a = 0$ 时, 有 $a^q = a$. 由域的定义知, 有限域 F 的子集 $F^* = F \setminus \{0\}$ 关于乘法构成一个群. 所以, 对于 $a \in F^*$ 有 $a^{q-1} = 1$, 即 $a^q = a$. $\square$

引理 4.5.4 若有限域 F 的大小为 q 且 K 是 F 的子域, 则多项式 $x^q - x \in K[x]$ 在 F 上可以分解为

$$x^q - x = \prod_{a \in F}(x - a),$$

F 是多项式 $x^q - x$ 在 K 上的分裂域.

证明 q 次多项式 $x^q - x$ 在有限域 F 上至多有 q 个根. 根据引理 4.5.3, F 中所有元素都是多项式 $x^q - x$ 的根. 同时, 多项式 $x^q - x$ 不可能在比 F 更小的域中分解. $\square$

定理 4.5.5 对于任意素数 p 和任意正整数 n, 则存在有限域 F, 使得 $|F| = p^n$. 任意大小为 $q = p^n$ 的有限域都同构于多项式 $x^q - x$ 在 $\mathbb{Z}_p$ 上的分裂域, 即在同构意义下这样的域是唯一的.

证明 设 P 为含有 p 个元素的域, 则 P 是一个特征为 p 的素域且 $P \cong \mathbb{Z}_p$, 令

$$f(x) = x^{p^n} - x,$$

则

$$f'(x) = p^n x^{p^n - 1} - 1 = -1 \neq 0,$$

得 $f(x)$ 和 $f'(x)$ 互素, 因而 $f(x)$ 在其分裂域 F 中无重根. 设 $f(x)$ 在 F 中所有根的集合为 E, 则 $E \subseteq F$.

另一方面, 对任意 $\alpha, \beta \in E$, 即有

$$\alpha^{p^n} = \alpha, \quad \beta^{p^n} = \beta,$$

所以

$$(\alpha - \beta)^{p^n} = \alpha^{p^n} - \beta^{p^n} = \alpha - \beta,$$
$$\left(\frac{\alpha}{\beta}\right)^{p^n} = \frac{\alpha^{p^n}}{\beta^{p^n}} = \frac{\alpha}{\beta} \quad (\beta \neq 0),$$

即 $\alpha - \beta, \frac{\alpha}{\beta} \in E$, 因而 E 是 F 的子域.

又 $P \subseteq E$. 事实上, $0 \in E$, 若 $\alpha \neq 0, \alpha \in P$, 即 $\alpha \in P^*$, 而 $(P^*, \cdot)$ 为 $p - 1$ 阶群, 故 $\alpha^{p-1} = 1$, 即 α 是多项式 $x^{p-1} - 1$ 的根. 由于 $(p-1)|p^n - 1$, 即 $(x^{p-1} - $

$1)|(x^{p^{n-1}} - 1)$, 故 $\alpha^{p^{n-1}} = 1$, 从而得到 $\alpha^{p^{n}} = \alpha$, 即 $\alpha \in E$. 因而我们证得 E 是包含 P 及 P 中多项式 $f(x)$ 的全部根的域, 而 F 为 $f(x)$ 在 P 上的分裂域, 由分裂域的最小性, 有 $F \subseteq E$. 所以 $E = F$, 从而 $|E| = |F| = p^{n}$.

最后证明唯一性. 设 F_{1} 与 F_{2} 都是元素个数为 p^{n} 的域, F_{1}, F_{2} 的素域分别为 P_{1}, P_{2}, 它们均同构于 $\mathbb{Z}_{p}$, 因而 $P_{1} \cong P_{2}$. F_{1} 和 F_{2} 分别是 P_{1} 和 P_{2} 上多项式 $x^{p^{n}} - x$ 的分裂域. 由引理 4.5.4 知, $F_{1} \cong F_{2}$. 　　　□

定理 4.5.5 说明, 对于任意给定的素数 p 和正整数 n, p^{n} 阶有限域都是存在的. 由此可见, 有限域要比有限群、有限环等有更强的规律性, 对于群、环的元素个数没有任何限制. 换言之, 对于任意正整数 n, 总有 n 个元素的群和环存在, 且同阶的群或环未必同构. 但对于有限域来说, 有限域元素个数只有素数的方幂 p^{n} 的形式, 且在同构的意义下是唯一的.

有限域 F 及其子域的特征都是素数 p. 若 F 的阶为 p^{n}, 则子域的阶必然是 $p^{m}(n \geqslant m)$. 对于有限域的子域元素个数, 我们还有

定理 4.5.6 设 E 为含有 p^{n} 个元素的域, 则对于 n 的任何正因数 m, 在同构意义下, 存在且只存在一个 p^{m} 阶子域.

证明 设 F 为 E 的子域, 由于 E 的特征为素数 p, 所以 F 的特征也为 p, 所以, $|F| = p^{m}(m \leqslant n)$. 设 P 为 E 的素域, 当然 P 也是 F 的素域, 则有 $(E : P) = n$, $(E : F) = m$, 由定理 4.3.6, 得

$$n = (E : P) = (E : F)(F : P) = (E : F) \cdot m.$$

故 $m | n$.

反之, 设 $m | n$, 则

$$p^{n} - 1 = (p^{m} - 1)(p^{n-m} + p^{n-2m} + \cdots + p^{m} + 1),$$

即 $p^{m} - 1$ 整除 $p^{n} - 1$, 因而 $(x^{p^{m}-1} - 1)|(x^{p^{n}-1} - 1)$, 即

$$(x^{p^{m}} - x)|(x^{p^{n}} - x).$$

由引理 4.5.4 知, $x^{p^{n}} - x$ 在 E 上可分解为一次因式的积, 于是 E 中包含 $x^{p^{n}} - x$ 的全部根, 当然 E 中也包含 $x^{p^{m}} - x$ 的全部 p^{m} 个根. 这 p^{m} 个根恰好构成 E 的一个子域 F, 则 F 为多项式 $x^{p^{m}} - x$ 在素域 P 上的分裂域. 设 L 也是 E 的 p^{m} 阶子域, 则 L 也是 $x^{p^{m}} - x$ 在 P 上的分裂域, 由于 E 中同一多项式的分裂域是唯一的, 故

$$L = F,$$

从而结论成立. 　　　　　　　　　　　　　　　　　　　　　　　　□

例 4.5.1 在恰好只含有 125 个元素的域 F 中, 由于 $125 = 5^3, 3$ 的正因数只有 3 和 1, 故域 F 只有两个子域, 即它们分别是其本身和 F 所包含的素域.

例 4.5.2 令 q 是素数 p 的幂, 我们记 $\mathbb{F}_q$ 是大小为 q 的有限域. 因为 30 的正因子有

$$1, \quad 2, \quad 3, \quad 5, \quad 6, \quad 10, \quad 15, \quad 30,$$

所以有限域 $\mathbb{F}_{2^{30}}$ 的全部子域为

$$\mathbb{F}_2, \quad \mathbb{F}_{2^2}, \quad \mathbb{F}_{2^3}, \quad \mathbb{F}_{2^5}, \quad \mathbb{F}_{2^6}, \quad \mathbb{F}_{2^{10}}, \quad \mathbb{F}_{2^{15}}, \quad \mathbb{F}_{2^{30}}.$$

更进一步有

$$\mathbb{F}_2 \subset \mathbb{F}_{2^2} \subset \mathbb{F}_{2^6} \subset \mathbb{F}_{2^{30}},$$
$$\mathbb{F}_2 \subset \mathbb{F}_{2^2} \subset \mathbb{F}_{2^{10}} \subset \mathbb{F}_{2^{30}},$$
$$\mathbb{F}_2 \subset \mathbb{F}_{2^3} \subset \mathbb{F}_{2^6} \subset \mathbb{F}_{2^{30}},$$
$$\mathbb{F}_2 \subset \mathbb{F}_{2^3} \subset \mathbb{F}_{2^{15}} \subset \mathbb{F}_{2^{30}},$$
$$\mathbb{F}_2 \subset \mathbb{F}_{2^5} \subset \mathbb{F}_{2^{10}} \subset \mathbb{F}_{2^{30}},$$
$$\mathbb{F}_2 \subset \mathbb{F}_{2^5} \subset \mathbb{F}_{2^{15}} \subset \mathbb{F}_{2^{30}}.$$

推论 4.5.7 一个有限域的同次扩域同构.

证明 设 F 为有限域, 则 $|F| = p^n$, p 为素数, n 为正整数. 如果 E, L 都是 F 的 m 次扩域, 那么

$$|E| = |L| = (p^n)^m = p^{mn}.$$

由定理 4.5.5 的唯一性得 $E \cong L$. □

值得注意的是, 由例 4.2.9 知, $\mathbb{Q}(\sqrt{2})$ 不同构于 $\mathbb{Q}(\sqrt{3})$, 因此推论 4.5.7 对于无限域是不成立的.

设 F 为有限, 则称群 $(F^*, \cdot)$ 为域 F 的乘群. 我们将证明有限域的乘群是循环群.

定理 4.5.8 有限域 F 的乘群 $(F^*, \cdot)$ 为循环群.

证明 设 F 是 q 阶有限域, 则乘群 F^* 阶为 $q-1$. 令 m 是 F^* 中所有元素的最大阶, 则由 2.3 节的定理 2.3.3 知, F^* 的 $q-1$ 个元素都是多项式

$$x^m - 1$$

的根, 故 $m \geqslant q - 1$.

另一方面, F^* 中每个元素的阶都整除 $q-1$, 从而也有 $m|(q-1)$, $m \leqslant q-1$. 因此, $m = q-1$, 即 $q-1$ 阶群 F^* 有阶为 $q-1$ 的元素 α, 从而

$$F^* = \{1, \alpha, \cdots, \alpha^{q-2}\},$$

即 F^* 是循环群. □

定义 4.5.9　如果有限域 F 中的非零元 α 是 F 的乘群 $(F^*, \cdot)$ 的生成元, 则称 α 为有限域 F 的**本原元** (primitive element). 本原元对应的极小多项式称为**本原多项式** (primitive polynomial).

根据本原元的存在性, 每个有限域可以视为其素子域的单代数扩域. 更进一步

定理 4.5.10　设 F 是有限域 K 的有限扩域, 则 F 是 K 的单代数扩域.

定理 4.5.11　对于任意有限域 F 和任意正整数 n, 都存在 F 上的一个 n 次不可约多项式.

证明　这里仅证明有限域 F 是素域的情形, 一般的情形留给读者证明.

在 F 上作多项式 $g(x) = x^{p^n} - x$ 的分裂域 E, 则 $|E| = p^n$. 取 E 的任一本原元 α, 则 $E = F(\alpha)$. 设 α 在 F 上的次数为 m, 即 α 是 $F[x]$ 中的首一 m 次不可约多项式 $f(x)$ 的一个根, 根据单扩域的结构知

$$E = F(\alpha) = \{a_0 + a_1 \alpha + \cdots + a_{m-1} \alpha^{m-1} | a_i \in F\}.$$

由 $|F| = p$, 得 $|E| = p^m$, 从而有 $m = n$. 所以, α 在 F 上的极小多项式 $f(x)$ 是一个 n 次多项式, 则 $f(x)$ 即为所求. □

习题 4.5

1. 补充证明定理 4.5.11.
2. 证明: 多项式 $x^2 + x + 1$ 与 $x^3 + x + 1$ 在 $\mathbb{Z}_2$ 上不可约.
3. 试求出域 $\mathbb{Z}_2$ 上所有三次不可约多项式.
4. 设 F 是一个域. 证明: 乘群 F^* 是循环群时, F 是一个有限域.
5. 证明: $x^{p^n} - x$ 在 $\mathbb{Z}_p$ 上的不可约因式的最大次数是 n.

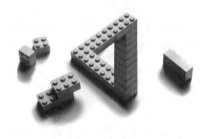

第5章
环的进一步讨论

前面我们具体讨论了群论、环论以及域论的基本知识, 其中环论处于承上启下的地位. 简单来说, 环关于加法构成群, 关于乘法构成半群, 而域是一种特殊的环, 即可交换的除环. 因此我们在最后一章进一步讨论环的结构和构造, 其中包括一类特殊的有限环: **伽罗瓦环** (Galois ring) 以及有限域上的多项式环及其理想.

5.1 伽罗瓦环 $\mathrm{GR}(4^m)$

有限环是元素个数有限的环. 上一章我们介绍过的有限域就是特殊的有限环. 特别地, 令 q 是素数 p 的幂, 我们记 $\mathbb{F}_q$ 是含有 q 个元素的有限域. 有限环的加法群是一个有限阿贝尔群, 有限环的概念是比较新的. 二十世纪, 发表在《美国数学月刊》的一篇文章指出: 在同构意义下, 一共有 11 个四元素环, 其中四个有乘法单位元. 还有一些学者进一步研究了有限环的结构, 比如研究有限环的非交换性、素阶环的结构理论, 等等.

二十世纪二十年代, 克鲁尔 (W. Krull, 1899—1971) 发展了伽罗瓦环理论, 本节不介绍广义伽罗瓦环, 只介绍一类特殊的含有 4^m 个元素的伽罗瓦环, 记作 $\mathrm{GR}(4^m)$. 我们定义如下环同态:

$$- : \mathbb{Z}_4 \longrightarrow \mathbb{Z}_2,$$
$$\bar{0} = \bar{2} = 0,$$
$$\bar{1} = \bar{3} = 1.$$

$\mathbb{Z}_4$ 到 $\mathbb{Z}_2$ 的环同态 "$-$" 可以自然推广到多项式环 $\mathbb{Z}_4[x]$ 到 $\mathbb{Z}_2[x]$ 上:

$$\mathbb{Z}_4[x] \longrightarrow \mathbb{Z}_2[x],$$

$$a_0 + a_1 x + \cdots + a_n x^n \longmapsto \bar{a}_0 + \bar{a}_1 x + \cdots + \bar{a}_n x^n.$$

容易验证, 推广的环同态是 $\mathbb{Z}_4[x]$ 到 $\mathbb{Z}_2[x]$ 的一个满同态, 且 $\mathrm{Ker}(-) = (2) = 2\mathbb{Z}_4[x] = \{2f(x)|f(x) \in \mathbb{Z}_4[x]\}$. 为了简记符号, 我们仍用 "$-$" 表示这个推广的环同态, 则任意 $f(x) \in \mathbb{Z}_4[x]$ 在同态 "$-$" 下的像记为 $\overline{f}(x)$.

因为环 $\mathbb{Z}_4$ 有零因子, 所以环 $\mathbb{Z}_4[x]$ 不是唯一分解整环. 但是由于环 $\mathbb{Z}_2$ 是域, 所以环 $\mathbb{Z}_2[x]$ 是唯一分解整环. 因此, 借助环 $\mathbb{Z}_2[x]$, 我们定义环 $\mathbb{Z}_4[x]$ 上的基本不可约多项式.

定义 5.1.1 设 $h(x)$ 是环 $\mathbb{Z}_4$ 上的首一、次数为 m 的多项式. 若 $\overline{h}(x)$ 是 $\mathbb{Z}_2$ 上的不可约多项式, 则称 $h(x)$ 是 $\mathbb{Z}_4$ 上的**基本不可约多项式** (basic irreducible polynomial). 若 $\overline{h}(x)$ 是 $\mathbb{Z}_2$ 上的本原多项式, 则称 $h(x)$ 是 $\mathbb{Z}_4$ 上的**基本本原多项式** (basic primitive polynomial).

例 5.1.1 若 $f(x) = x^2, h(x) = x^4 \in \mathbb{Z}_4[x]$, 简单计算发现

$$f(x) = x \cdot x = (x+2) \cdot (x+2),$$

以及

$$h(x) = x^2 \cdot (x+2)^2 = (x+2)^4,$$

即 $f(x)$ 和 $h(x)$ 在 $\mathbb{Z}_4[x]$ 中不能唯一分解.

虽然 $\mathbb{Z}_4[x]$ 不是唯一分解整环, 但借助基本不可约多项式可以对 $\mathbb{Z}_4[x]$ 上的多项式作一个分解. 下面介绍著名的**海塞引理** (Hensel's lemma), 在这里我们将证明省略, 感兴趣的读者可见 (Wan, 1997).

引理 5.1.2 (海塞引理) 令 $f(x)$ 是 $\mathbb{Z}_4[x]$ 中首一的多项式, 且满足

$$\overline{f}(x) = \overline{f}_1(x)\overline{f}_2(x)\cdots\overline{f}_r(x),$$

其中 $\overline{f}_1(x), \overline{f}_2(x), \cdots, \overline{f}_r(x)$ 是 $\mathbb{Z}_2[x]$ 中两两互素的多项式, 则存在 $\mathbb{Z}_4[x]$ 中首一的多项式

$$g_1(x), \quad g_2(x), \quad \cdots, \quad g_r(x)$$

满足如下性质:

(1) $f(x) = g_1(x)g_2(x)\cdots g_r(x)$;

(2) $\overline{g}_i(x) = \overline{f}_i(x), i = 1, 2, \cdots, r$;

(3) $\deg(g_i(x)) = \deg(\overline{f}_i(x)), i = 1, 2, \cdots, r$;

(4) $g_1(x), g_2(x), \cdots, g_r(x)$ 在 $\mathbb{Z}_4[x]$ 中两两互素, 即 $\overline{g}_1(x), \overline{g}_2(x), \cdots, \overline{g}_r(x)$ 在 $\mathbb{Z}_2[x]$ 中两两互素.

在 4.5 节关于有限域的讨论中, 我们已经知道对于任意给定的正整数 m, 在有限域 $\mathbb{Z}_2$ 上一定存在次数为 m 的不可约多项式. 因而一定存在环 $\mathbb{Z}_4$ 上次数为 m 的基本不可约多项式. 若给定有限域 $\mathbb{Z}_2$ 上首一且次数为 m 的本原多项

式 $h_2(x)$, 如何确定环 $\mathbb{Z}_4$ 上次数为 m 的基本本原多项式 $h(x)$, 这是一个有趣的问题. 下面介绍一种通过本原多项式 $h_2(x)$ 得到基本本原多项式 $h(x)$ 的计算方法 (Hensel lift), 它在一定程度上也揭示了两者之间的联系.

令 $h_2(x) = e(x) - d(x)$, 其中 $e(x)$ 只含有偶次项 (即 $h_2(x)$ 中的所有偶次项之和) 以及 $d(x)$ 只含有奇次项. 从而我们有

$$h(x^2) = \pm(e^2(x) - d^2(x)),$$

其中正负号的选取是为了保持多项式首一.

例 5.1.2 当 $m = 3$ 时, $h_2(x) = x^3 + x + 1$ 是剩余类域 $\mathbb{Z}_2$ 上的本原多项式, 那么, $e(x) = 1$ 以及 $d(x) = -x^3 - x$, 所以 $e^2(x) - d^2(x) = -x^6 - 2x^4 - x^2 + 1$, 从而

$$h(x) = x^3 + 2x^2 + x - 1. \tag{5.1}$$

令 $h(x)$ 是 $\mathbb{Z}_4$ 上次数为 m 的基本不可约多项式. 考虑如下的剩余类环

$$\mathbb{Z}_4[x]/(h(x)).$$

这个剩余类环中元素可以表示为

$$a_0 + a_1 x + \cdots + a_{m-1} x^{m-1} + (h(x)),$$

其中 $a_0, a_1, \cdots, a_{m-1} \in \mathbb{Z}_4$. 从而易见, $|\mathbb{Z}_4[x]/(h(x))| = 4^m$.

定义 5.1.3 环 $\mathbb{Z}_4[x]/(h(x))$ 称为具有 4^m 个元素的伽罗瓦环, 简记为 $\mathrm{GR}(4^m)$.

下面继续考察伽罗瓦环 $\mathrm{GR}(4^m)$ 中的元素表示. 令 $\xi = x + (h(x))$, 则显然 $h(\xi) = 0$, 即 ξ 是 $h(x)$ 的一个根. 当 $a_0, a_1, \cdots, a_{m-1}$ 遍历 $\mathbb{Z}_4$ 时, 元素 $a_0 + a_1 \xi + \cdots + a_{m-1} \xi^{m-1}$ 遍历 $\mathrm{GR}(4^m)$. 所以 $\mathrm{GR}(4^m) = \mathbb{Z}_4[\xi]$, 从而对于任意 $\mathrm{GR}(4^m)$ 元素 c 有如下唯一的表达形式:

$$c = \sum_{r=0}^{m-1} a_r \xi^r, \quad a_r \in \mathbb{Z}_4, \tag{5.2}$$

这就是伽罗瓦环元素的 "加法" 表示. 因为环具有两种代数结构, "乘法" 和 "加法", 所以, 伽罗环 $\mathrm{GR}(4^m)$ 的 4^m 个元素有两种标准的表示方法, 分别对应 "乘法" 和 "加法". 下面介绍 "乘法" 表示, 任意 $\mathrm{GR}(4^m)$ 元素 c 还可以唯一表示成如下的形式:

$$c = a + 2b, \tag{5.3}$$

其中 a, b 都是集合 $\mathcal{T} = \{0, 1, \xi, \xi^2, \cdots, \xi^{2^m-2}\}$ 中的元素. 定义如下的映射 $\tau : c \longmapsto a$ 满足

$$\tau(c) = c^{2^m}, \quad c \in \mathrm{GR}(4^m), \tag{5.4}$$

以及

$$\tau(cd) = \tau(c)\tau(d), \tag{5.5}$$

$$\tau(c+d) = \tau(c) + \tau(d) + 2(cd)^{2^{m-1}}, \tag{5.6}$$

从而, 当 c 给定时, a 由等式 (5.4) 可得, 则再由等式 (5.3) 可得 b. 根据上面的讨论, 总结成如下定理.

定理 5.1.4 (1) 在伽罗瓦环 $\mathrm{GR}(4^m)$ 中, 存在一个阶为 $2^m - 1$ 的非零元 ξ, 它是 $\mathbb{Z}_4$ 上次数为 m 的一个基本本原多项式 $h(x)$ 的一个根, 且使得 $\mathrm{GR}(4^m) = \mathbb{Z}_4[\xi]$. 此外, $h(x)$ 是 $\mathbb{Z}_4$ 上唯一一个首一的, 次数小于等于 m 且以 ξ 为根的多项式.

(2) 设 $\mathcal{T} = \{0, 1, \xi, \cdots, \xi^{2^m-2}\}$, 则对 $\mathrm{GR}(4^m)$ 中任意一个元素 c, 都可唯一的表示为

$$c = a + 2b,$$

其中 $a, b \in \mathcal{T}$.

例 5.1.3 若 $m = 3$ 和 $h(x) = x^3 + 2x^2 + x - 1$, 即等式 (5.1), 则 $\mathcal{T}$ 和 $2\mathcal{T}$ 的加法表示为表 5.1.

表 5.1

+	a_0	a_1	a_2	$2a_0$	$2a_1$	$2a_3$
0	0	0	0	0	0	0
1	1	0	0	2	0	0
ξ	0	1	0	0	2	0
ξ^2	0	0	1	0	0	2
ξ^3	1	3	2	2	2	0
ξ^4	2	3	3	0	2	2
ξ^5	3	3	1	2	2	2
ξ^6	1	2	1	2	0	2

再由等式 (5.3), 表 5.1 给出了伽罗瓦环 $\mathrm{GR}(4^3)$ 任意元素的 "加法" 表示.

伽罗瓦环 $\mathrm{GR}(4^m)$ 与伽罗瓦域 $\mathbb{F}_{2^m}$ 之间最明显的区别是伽罗瓦环有零因子. 接下来, 通过零因子我们进一步讨论伽罗瓦环和伽罗瓦域之间的关系. $2\mathrm{GR}(4^m)$ (简记为 (2)) 是伽罗瓦环中所有零因子的集合, 同时也是伽罗瓦环唯一的极大理想. 令 μ 为 $\mathrm{GR}(4^m)$ 到理想 (2) 的映射, 则 $\theta = \mu(\xi)$ 是有限域 $\mathbb{Z}_2$ 上首一且次数为 m 的本原多项式 $h_2(x)$ 的根, 从而我们可以把 $\mathrm{GR}(4^m)/(2)$ 等价于伽罗瓦域 $\mathrm{GR}(2^m)$ 且 $\mathrm{GR}(2^m)$ 中的元素可以表示为

$$\mu(\mathcal{T}) = \{0, 1, \theta, \theta^2, \cdots, \theta^{2^m-1}\}.$$

把伽罗瓦环 $\mathrm{GR}(4^m)$ 中所有零因子去掉, 剩下的都是可逆元或者说是单位, 记所有单位全体为 $\mathrm{GR}(4^m)^* = \mathrm{GR}(4^m) \setminus (2)$. $\mathrm{GR}(4^m)^*$ 中的任意元素可以唯一表示成

$$\xi^r(1+2t), \quad 0 \leqslant r \leqslant 2^m - 1, \quad t \in \mathcal{T}.$$

综上所述, 我们可得如下定理.

定理 5.1.5 对任意 $c \in \mathrm{GR}(4^m)$, 用等式 (5.3) 表示有

$$c = a + 2b, \quad \text{其中 } a, b \in \mathcal{T},$$

则有如下性质:

(1) 所有满足 $a \neq 0$ 的 c 都是可逆的, 且构成一个阶为 $(2^m - 1)2^m$ 的乘群: 直积 $(\xi) \times \varepsilon$, 其中 (ξ) 是一个由 ξ 生成的阶为 $2^m - 1$ 的循环群, $\varepsilon = \{1 + 2b \mid b \in \mathcal{T}\}$ 是一个大小为 2^m 的阿贝尔群且同构于 $\mathbb{F}_{2^m}$ 加群.

(2) 所有满足 $a = 0$ 的 c 都是幂零的 (即为零因子或零元素), 并且构成 $\mathrm{GR}(4^m)$ 的理想 (2).

(3) c 的阶为 $2^m - 1$ 的因子当且仅当 $a \neq 0$ 且 $b = 0$.

(4) $\mathrm{GR}(4^m)$ 中任意一个阶为 $2^m - 1$ 的元素 η, 都可表示为 ξ^i, 其中 $\gcd(i, 2^m - 1) = 1$ 且 η 是 $\mathbb{Z}_4$ 上一个次数为 m 的基本本原多项式的根, 此时 $\mathcal{T} = \{0, 1, \eta, \eta^2, \cdots, \eta^{2^m - 2}\}$.

下面这个公式对于计算 $\mathcal{T}$ 中元素的加法非常有用.

推论 5.1.6 设 $c_1, c_2 \in \mathcal{T}$, 有

$$c_1 + c_2 = a + 2b, \quad a, b \in \mathcal{T}, \tag{5.7}$$

则

$$a = c_1 + c_2 + 2(c_1 c_2)^{1/2}, \tag{5.8}$$

$$b = (c_1 c_2)^{1/2}, \tag{5.9}$$

其中 $(c_1 c_2)^{1/2}$ 表示 $\mathcal{T}$ 中唯一的元素, 使得 $((c_1 c_2)^{1/2})^2 = c_1 c_2$.

证明 把等式 (5.7) 两边同时平方得

$$(c_1 + c_2)^2 = a^2,$$

所以,

$$(c_1 + c_2)^{2^m} = a^{2^m} = a. \tag{5.10}$$

另一方面,

$$(c_1 + c_2)^{2^m} = (c_1^2 + c_2^2 + 2c_1 c_2)^{2^{m-1}}$$

$$= (c_1^{2^2} + c_2^{2^2} + 2c_1^2 c_2^2)^{2^{m-2}}$$
$$= c_1^{2^m} + c_2^{2^m} + 2c_1^{2^{m-1}} c_2^{2^{m-1}}$$
$$= c_1 + c_2 + 2(c_1 c_2)^{1/2}. \tag{5.11}$$

由等式 (5.10) 和 (5.11) 可以推导出 (5.8) 和 (5.9). □

对推论 5.1.6 归纳, 直接得到如下结论.

推论 5.1.7 设 $c_1, c_2, \cdots, c_k \in \mathcal{T}$, 且

$$\sum_{i=1}^{k} c_i = a + 2b, \quad a, b \in \mathcal{T},$$

则

$$a = \sum_{i=1}^{k} c_i + 2 \sum_{1 \leqslant i \leqslant j \leqslant k} (c_i c_j)^{\frac{1}{2}},$$
$$b = \sum_{1 \leqslant i \leqslant j \leqslant k} (c_i c_j)^{\frac{1}{2}}.$$

习题 5.1

1. 证明: $x^2 - 2$ 在 $\mathbb{Z}_2$ 上有重根 0 但在 $\mathbb{Z}_8$ 上没有根.
2. 在多项式环 $\mathbb{Z}_4[x]$ 中分解多项式 $x^5 + 3x^4 + 2x^3 + 1$.
3. 在多项式环 $\mathbb{Z}_4[x]$ 中分解多项式 $x^6 + 3x^5 + x^4 + x^3 + x^2 + 3x + 1$.
4. 求多项式环 $\mathbb{Z}_2[x]$ 中的本原多项式 $x^4 + x^3 + x^2 + x + 1$ 对应的 $\mathbb{Z}_4[x]$ 中的基本本原多项式.
5. 写出伽罗瓦环 $\mathrm{GR}(4^m)$ 的所有理想.

5.2 有限域上多项式环的理想

3.9 节介绍了多项式环 $R[x]$, 即环 R 上的多项式环全体. 4.5 节讨论了有限域 $F = \mathbb{F}_q$ 的概念. 若 $f(x)$ 是 $\mathbb{F}_q$ 上次数为 n 的多项式, 则有多项式环 $\mathbb{F}_q[x]$ 和商环 $\mathbb{F}_q[x]/(f(x))$. 商环中每个元素均可表示为

$$r(x) + (f(x)) \in \mathbb{F}_q[x]/(f(x)),$$

其中 $r(x) = 0$ 或 $\deg(r(x)) < n$. 令 $S = \{r(x) \in \mathbb{F}_q[x] \mid \deg(r(x)) < n\}$. 对于 S 中任意两个元素 $r_1(x), r_2(x)$, 存在 S 中唯一的元素 $r(x)$ 使得

$$r_1(x) r_2(x) = q(x) f(x) + r(x),$$

且 $\deg(r(x)) \leqslant \deg(r_1(x)r_2(x))$. 赋予 S 普通的多项式加法. 根据多项式的带余除法, 赋予 S 满足乘法

$$\forall r_1(x), r_2(x) \in S, \quad r_1(x) \cdot r_2(x) \doteq r(x),$$

从而 S 构成了一个环. 由环同态基本定理知, 存在环 $\mathbb{F}_q[x]$ 到环 S 的满同态, 且有

$$\mathbb{F}_q[x]/(f(x)) \cong S.$$

因此, 我们可以把元素 $r(x) + (f(x)) \in \mathbb{F}_q[x]/(f(x))$ 简写为 $r(x)$.

令 $f(x) = x^n - 1$, 接下来我们将讨论商环 $\mathbb{F}_q[x]/(x^n - 1)$ 及其理想.

定理 5.2.1 商环 $\mathbb{F}_q[x]/(x^n - 1)$ 是主理想整环.

证明 易证该商环为一整环, 设 I 是 $\mathbb{F}_q[x]/(x^n - 1)$ 的一个理想. 如果 $I = \{0\}$, 则显然是主理想. 假设 $I \neq \{0\}$, 并且令 $g(x)$ 为 I 上次数最小的非零多项式. 对任意的 $f(x) \in I$, 由带余除法可得

$$f(x) = q(x)g(x) + r(x),$$

其中 $q(x), r(x) \in \mathbb{F}_q[x]$, 且 $r(x)$ 的次数满足 $0 \leqslant \deg(r(x)) < \deg(g(x))$, 则 $r(x) = f(x) - q(x)g(x) \in I$. 由 $g(x)$ 次数的最小性得 $r(x) = 0$. 因此 $I = (g(x))$. 所以 $\mathbb{F}_q[x]/(x^n - 1)$ 是主理想整环. $\qquad\square$

例 5.2.1 在环 $\mathbb{F}_2[x]/(x^5 - 1)$ 上, 集合 $I = \{0, x+1, x^2+1, x^2+x, x^3+x^2, x^3+1, x^3+x^2+x+1, x^3+x, x^4+x, x^4+x^3+x^2+1, x^4+x^2+x+1, x^4+x^3+x^2+x, x^4+x^3+x+1, x^4+x^2, x^4+1, x^4+x^3\}$ 是一个理想, 并且是主理想. 事实上, $I = (1+x)$.

接下来介绍什么是**循环空间** (cyclic space).

定义 5.2.2 设 $\mathscr{C}$ 为 $\mathbb{F}_q^n$ 的子集, 如果对任意向量

$$(a_0, a_1, \cdots, a_{n-1}) \in \mathscr{C}$$

均有

$$(a_{n-1}, a_0, a_1, \cdots, a_{n-2}) \in \mathscr{C},$$

则称集合 $\mathscr{C}$ 是循环的. 若 $\mathbb{F}_q^n$ 的线性子空间是循环的, 则称这个空间为循环子空间. 称向量 $(a_{n-r}, \cdots, a_{n-1}, a_0, a_1, \cdots, a_{n-r-1})$ 是由向量 $(a_0, a_1, \cdots, a_{n-1})$ 进行了 r 次循环移位得到的.

例 5.2.2 集合 $\{(\omega, \omega, \omega, \omega, \omega)\} \subseteq \mathbb{F}_4^5$ 和 $\{(0,1,1,2,2,0), (1,1,2,2,0,0), (1,2,2,0,0,1), (2,2,0,0,1,1), (2,0,0,1,1,2), (0,0,1,1,2,2)\} \subseteq \mathbb{F}_3^6$ 都是循环的, 但它们不是循环空间, 因为它们不是线性空间.

例 5.2.3 集合 $\{0\}$, $\{\lambda \cdot 1 | \lambda \in \mathbb{F}_q\}$ 以及全空间 $\mathbb{F}_q^n$ 都是循环空间.

考虑映射:

$$\pi : \mathbb{F}_q^n \to \mathbb{F}_q[x]/(x^n - 1); \quad (a_0, a_1, \cdots, a_{n-1}) \mapsto a_0 + a_1 x + \cdots + a_{n-1} x^{n-1},$$

那么, 我们有下面定理成立.

定理 5.2.3 $\mathbb{F}_q^n$ 的非空子集 $\mathscr{C}$ 是循环空间当且仅当 $\pi(\mathscr{C})$ 是 $\mathbb{F}_q[x]/(x^n - 1)$ 的理想.

证明 假设 $\pi(\mathscr{C})$ 是 $\mathbb{F}_q[x]/(x^n - 1)$ 的理想, 则对任意

$$\alpha, \beta \in \mathbb{F}_q \subseteq \mathbb{F}_q[x]/(x^n - 1)$$

以及向量 $\boldsymbol{a}, \boldsymbol{b} \in \mathscr{C}$, 有

$$\alpha \pi(\boldsymbol{a}), \ \beta \pi(\boldsymbol{b}) \in \pi(\mathscr{C}),$$

所以

$$\alpha \pi(\boldsymbol{a}) + \beta \pi(\boldsymbol{b}) \in \pi(\mathscr{C}), \quad \pi(\alpha \boldsymbol{a}) + \pi(\beta \boldsymbol{b}) \in \pi(\mathscr{C}).$$

因此 $\alpha \boldsymbol{a} + \beta \boldsymbol{b} \in \mathscr{C}$, 即 $\mathscr{C}$ 为线性空间.

设向量 $\boldsymbol{a} = (a_0, a_1, \cdots, a_{n-1}) \in \mathscr{C}$, 则有多项式

$$\pi(\boldsymbol{a}) = a_0 + a_1 x + \cdots + a_{n-1} x^{n-1} \in \pi(\mathscr{C}).$$

因为 $\pi(\mathscr{C})$ 是理想, 并且在 $\mathbb{F}_q[x]/(x^n - 1)$ 上 $x^n - 1 = 0$, 则

$$x \pi(\boldsymbol{a}) = a_0 x + a_1 x^2 + \cdots + a_{n-1} x^n$$
$$= a_{n-1} + a_0 x + a_1 x^2 + \cdots + a_{n-2} x^{n-1}.$$

所以向量 $(a_{n-1}, a_0, a_1, \cdots, a_{n-2}) \in \mathscr{C}$, 即 $\mathscr{C}$ 是循环的.

反过来, 假设 $\mathscr{C}$ 是循环空间, 则对任意的多项式

$$f(x) = f_0 + f_1 x + \cdots + f_{n-1} x^{n-1} = \pi(f_0, f_1, \cdots, f_{n-1}) \in \pi(\mathscr{C}),$$

都有

$$x f(x) = f_{n-1} + f_0 x + f_1 x^2 + \cdots + f_{n-2} x^{n-1} \in \pi(\mathscr{C}).$$

归纳可得, 对任意 $i \geqslant 0$, 都有 $x^i f(x) \in \pi(\mathscr{C})$. 因为 $\mathscr{C}$ 是线性空间, 并且 π 是线性映射, 所以 $\pi(\mathscr{C})$ 是 $\mathbb{F}_q$ 上的线性空间. 因此, 对任意

$$g(x) = g_0 + g_1 x + \cdots + g_{n-1} x^{n-1} \in \mathbb{F}_q[x]/(x^n - 1)$$

都有

$$g(x)f(x) = \sum_{i=0}^{n-1} g_i(x^i f(x)) \in \pi(\mathscr{C}).$$

故 $\pi(\mathscr{C})$ 是 $\mathbb{F}_q[x]/(x^n - 1)$ 的理想. □

例 5.2.4 (1) $\mathbb{F}_5^5$ 的子集

$$\mathscr{C} = \{(0,0,0,0,0), (1,1,1,1,1), (2,2,2,2,2), (3,3,3,3,3), (4,4,4,4,4)\}$$

是循环空间, 对应 $\mathbb{F}_5[x]/(x^5 - 1)$ 中的理想

$$\pi(\mathscr{C}) = \left\{ af \mid f(x) = 1 + x + x^2 + x^3 + x^4, a \in \mathbb{F}_5 \right\}.$$

(2) 集合

$$I = (x + 1)$$

是 $\mathbb{F}_2[x]/(x^5 - 1)$ 的理想, 对应的循环空间是

$$\begin{aligned}
\pi^{-1}(I) = \ & \{00000, 11000, 10001, 00011, 00110, 01100, \\
& 10100, 01001, 10010, 00101, 01010, \\
& 11110, 11101, 11011, 10111, 01111\}.
\end{aligned}$$

(3) 平凡空间 $\mathbf{0}$ 和 $\mathbb{F}_q^n$ 分别对应平凡理想 $\{0\}$ 和 $\mathbb{F}_q[x]/(x^n - 1)$.

定理 5.2.4 设 I 是 $\mathbb{F}_q[x]/(x^n - 1)$ 的非零理想, $g(x)$ 是 I 中次数最小的非零首一多项式, 则 $g(x)$ 是 I 的生成元, 并且 $g(x)|(x^n - 1)$.

证明 根据定理 5.2.1, $g(x)$ 是 I 的生成元是显然的. 下证 $g(x)|x^n - 1$. 由带余除法,

$$x^n - 1 = s(x)g(x) + r(x),$$

其中 $r(x) = 0$ 或 $\deg(r(x)) < \deg(g(x))$. 所以

$$r(x) = (x^n - 1) - s(x)g(x) \in I.$$

我们知道在环 $\mathbb{F}_q[x]/(x^n - 1)$ 中 $x^n - 1 = 0$, 因此由 $g(x)$ 次数的最小性可得 $r(x) = 0$. 结论成立. □

例 5.2.5 在例 5.2.4 (1) 中, 多项式 $1 + x + x^2 + x^3 + x^4$ 次数最低, 它整除 $x^5 - 1$. 在例 5.2.4 (2) 中, 多项式 $1 + x$ 次数最低, 它整除 $x^5 - 1$. 对全空间 $\mathbb{F}_q^n$, 次数最低的多项式为 1.

根据定理 5.2.1, 我们知道 $\mathbb{F}_q[x]/(x^n - 1)$ 的所有理想都是主理想. 因此一个循环空间可以由任一 $\pi(\mathscr{C})$ 的生成元所给出. 通常 $\mathbb{F}_q[x]/(x^n - 1)$ 的理想不止一个生成元. 但是, 下面的定理表明满足某些条件的生成元是唯一的.

定理 5.2.5　$\mathbb{F}_q[x]/(x^n - 1)$ 的所有非零理想 I 中都存在一个唯一的次数最低的首一多项式. 事实上, 这个多项式就是 I 的生成元.

证明　假设 $g_i(x)$, $i = 1, 2$ 是 I 中两个不同的首一且次数最低的多项式, 则 $g_1(x) - g_2(x) \in I$, 并且经过适当的标量运算后可以将其变为首一的, 不妨记为 $h(x)$, 而 $h(x)$ 的次数显然既小于 $g_1(x)$, 又小于 $g_2(x)$, 这是矛盾的. 因此假设不成立, 结论成立.　　　　□

基于上述定理, 下面的定义将变得有意义.

定义 5.2.6　称环 $\mathbb{F}_q[x]/(x^n - 1)$ 的非零理想 I 中唯一的次数最低的首一多项式为 I 的生成多项式 (generator polynomial). 对循环空间 $\mathscr{C}$, $\pi(\mathscr{C})$ 的生成多项式也称为 $\mathscr{C}$ 的生成多项式.

例 5.2.6　循环空间 $\{(0,0,0,0,0), (1,1,1,1,1), (2,2,2,2,2), (3,3,3,3,3), (4, 4,4,4,4)\}$ 的生成多项式为 $1 + x + x^2 + x^3 + x^4$.

定理 5.2.7　多项式 $x^n - 1$ 的每个首一的因式都是 $\mathbb{F}_q^n$ 中某个循环子空间的生成多项式.

证明　设 $g(x)$ 是 $x^n - 1$ 的一个首一因式, $I = (g(x))$ 为 $\mathbb{F}_q[x]/(x^n - 1)$ 的理想, $\mathscr{C}$ 为对应的循环空间. 假设 $h(x)$ 为 $\mathscr{C}$ 的生成多项式, 那么, 存在多项式 $b(x)$, 使得 $h(x) \equiv g(x)b(x) \pmod{x^n - 1}$. 所以 $g(x) | h(x)$. 再由 $h(x)$ 是次数最低且首一的, 故而 $g(x) = h(x)$.　　　　□

由定理 5.2.5 和定理 5.2.7, 我们可以得到下面的推论.

推论 5.2.8　$\mathbb{F}_q^n$ 的循环子空间和 $x^n - 1 \in \mathbb{F}_q[x]$ 的首一因式之间存在一一对应. 特别地, 多项式 1 和 $x^n - 1$ 分别对应 $\mathbb{F}_q^n$ 和 $\{\mathbf{0}\}$.

例 5.2.7　可以通过分解多项式 $x^4 - 1 \in \mathbb{F}_3[x]$ 来寻找 $\mathbb{F}_3^4$ 的循环子空间. 由于

$$x^4 - 1 = (1 + x)(2 + x)(1 + x^2),$$

$x^4 - 1$ 的所有首一因式如下

$$1, \qquad\qquad 1 + x, \qquad\qquad 2 + x, \qquad\qquad 1 + x^2,$$
$$(1 + x)(2 + x), \quad (1 + x)(1 + x^2), \quad (2 + x)(1 + x^2), \quad x^4 - 1.$$

所以 $\mathbb{F}_3^4$ 的循环子空间总共有 8 个, 并且每个都可以通过映射 π 给出. 譬如多项式 $1 + x^2$ 对应的循环空间为 $\{0000, 1010, 0101, 2020, 0202, 1212, 2121, 1111, 2222\}$.

根据上面的例子, 如果能将多项式 $x^n - 1$ 的所有因式分解出来, 则 $\mathbb{F}_q^n$ 的所有循环子空间也可以被确定. 下面结论直接进行简单的计算即可, 我们不再给出证明.

定理 5.2.9 设 $x^n - 1 \in \mathbb{F}_q[x]$ 有如下的多项式分解

$$x^n - 1 = \prod_{i=1}^{r} p_i^{e_i}(x),$$

其中 $p_1(x), p_2(x), \cdots, p_r(x)$ 是互不相同的首一不可约多项式, 且对所有的 $i = 1, 2, \cdots, r$, 有 $e_i \geqslant 1$, 则 $\mathbb{F}_q^n$ 有 $\prod_{i=1}^{r}(e_i + 1)$ 个循环子空间.

现在我们知道, 循环空间可以由它的生成多项式完全确定. 下面定理介绍了如何从生成多项式来确定循环空间的维数.

定理 5.2.10 设 $g(x)$ 为 $\mathbb{F}_q[x]/(x^n - 1)$ 的一个理想的生成多项式. 如果 $g(x)$ 的次数是 $n - k$, 则它对应的循环空间的维数是 k.

证明 对次数小于等于 $k - 1$ 的两个多项式 $f_1(x) \neq f_2(x)$, 我们有

$$g(x)f_1(x) \not\equiv g(x)f_2(x) \pmod{x^n - 1}.$$

因此 $A = \{g(x)f(x) \mid f(x) \in \mathbb{F}_q[x]/(x^n - 1), \deg(f(x)) \leqslant k - 1\}$ 的大小为 q^k 并且是理想 $(g(x))$ 的子集. 另一方面, 对任意 $a(x) \in \mathbb{F}_q[x]/(x^n - 1)$, $g(x)a(x)$ 可以写成 $a(x)g(x) = u(x)(x^n - 1) + v(x)$, $\deg(v(x)) < n$. 所以 $v(x) = a(x)g(x) - u(x)(x^n - 1)$, 即 $g(x) \mid v(x)$. 因此, 存在多项式 $b(x)$ 使得 $v(x) = g(x)b(x)$. 根据 $v(x)$ 和 $g(x)$ 的次数, 有 $\deg(b(x)) < k$, 则 $v(x) \in A$. 这表明 $A = (g(x))$, 即循环空间的维数等于 $\log_q |A| = k$. □

例 5.2.8 (1) 基于分解式: $x^9 - 1 = (1 + x)(1 + x + x^2)(1 + x^3 + x^6) \in \mathbb{F}_2[x]$, 可以得到 $\mathbb{F}_2^9$ 上一个维数为 3 的循环空间:

$$
\begin{aligned}
(1 + x^3 + x^6) = \quad &\{000000000, 100100100, 001001001, 010010010, \\
&110110110, 101101101, 011011011, 111111111\}.
\end{aligned}
$$

(2) 基于分解式: $x^9 - 1 = (1 + x)(1 + x + x^2)(1 + x^3 + x^6) \in \mathbb{F}_3[x]$, 可知 $\mathbb{F}_3^7$ 上不存在维数为 4 或 5 的循环空间.

表 5.2 和表 5.3 给出了当 $1 \leqslant n \leqslant 12$, $q = 2, 3$ 时, $x^n - 1$ 的分解式和对应 q 元循环空间的数目.

习题 5.2

1. 集合 $\{000, 111, 222\} \subseteq \mathbb{F}_3^3$ 是循环空间吗? 集合 $\{000, 100, 010, 001\} \subseteq \mathbb{F}_q^3$ 是循环空间吗?

2. 证明: 集合 $I = \{f(x) \in \mathbb{F}_q[x] \mid f(0) = f(1) = 0\}$ 是 $\mathbb{F}_q[x]$ 的理想, 并找出其生成多项式.

3. 求出 $\mathbb{F}_2$ 上多项式 $f(x) = 1 + x + x^2 + x^3 + x^4$ 对应的长度为 7 的循环空间.

4. 求出 $\mathbb{F}_3$ 上多项式 $f(x) = 2 + 2x + x^3$ 对应的长度为 13 的循环空间.

5. 求出 $\mathbb{F}_2$ 上长度为 12 的循环空间数量, 即补充表格 5.2.

表 5.2 $q = 2$

n	$x^n - 1$ 的因式	循环空间数量
1	$1 + x$	2
2	$(1 + x)^2$	3
3	$(1 + x)(1 + x + x^2)$	4
4	$(1 + x)^4$	5
5	$(1 + x)(1 + x + x^2 + x^3 + x^4)$	4
6	$(1 + x)^2(1 + x + x^2)^2$	9
7	$(1 + x)(1 + x^2 + x^3)(1 + x + x^3)$	8
8	$(1 + x)^8$	9
9	$(1 + x)(1 + x + x^2)(1 + x^3 + x^6)$	8
10	$(1 + x)^2(1 + x + x^2 + x^3 + x^4)^2$	9
11	$(1 + x)(1 + x + x^2 + \cdots + x^{10})$	4
12	$(1 + x)^4(1 + x + x^2)^4$	?

6. 求出 $\mathbb{F}_3$ 上长度为 12 的循环空间数量, 即补充表格 5.3.

表 5.3 $q = 3$

n	$x^n - 1$ 的因式	循环空间数量
1	$2 + x$	2
2	$(2 + x)(1 + x)$	4
3	$(2 + x)^3$	4
4	$(2 + x)(1 + x)(1 + x^2)$	8
5	$(2 + x)(1 + x + x^2 + x^3 + x^4)$	4
6	$(2 + x)^3(1 + x)^3$	16
7	$(2 + x)(1 + x + x^2 + x^3 + x^4 + x^5 + x^6)$	4
8	$(2 + x)(1 + x)(1 + x^2)(2 + x + x^2)(2 + 2x + x^2)$	32
9	$(2 + x)^9$	10
10	$(2 + x)(1 + x)(1 + x + x^2 + x^3 + x^4)(1 + 2x + x^2 + 2x^3 + x^4)$	16
11	$(2 + x)(2 + 2x + x^2 + 2x^3 + x^5)(2 + x^2 + 2x^3 + x^4 + x^5)$	8
12	$(1 + x)^3(2 + x)^3(1 + x^2)^3$	?

参 考 文 献

方世昌. 2009. 离散数学. 3 版. 西安: 西安电子科技大学出版社.

冯克勤, 李尚志, 章璞. 2009. 近世代数引论. 3 版. 合肥: 中国科学技术大学出版社.

冯克勤, 刘凤梅. 2005. 代数与通信. 北京: 高等教育出版社.

韩士安, 林磊. 2009. 近世代数. 2 版. 北京: 科学出版社.

黎永锦. 2012. 抽象代数讲义. 北京: 科学出版社.

阮传概, 孙伟. 2001. 近世代数及其应用. 北京: 北京邮电大学出版社.

熊全淹. 2004. 近世代数. 北京: 高等教育出版社.

杨子胥. 2020. 近世代数. 4 版. 北京: 高等教育出版社.

张禾瑞. 2004. 近世代数. 北京: 高等教育出版社.

赵淼清. 2005. 近世代数. 杭州: 浙江大学出版社.

Benjamin F. 1993. Classification of finite rings of order p^2. Mathematics Magazine, 66(4): 248-252.

Hammons A R, Kumar P V, Calderbank A R, et al. 1994. The $\mathbb{Z}_4$-linearity of Kerdock, Preparata, Goethals and related codes. IEEE Transactions on Information Theory, 40(2): 301-319.

Kim J-L, Onk D E. 2022. DNA codes over two noncommutative rings of order four. Journal of Applied Mathematics and Computing, 68: 2015-2038.

Ling S, Xing C P. 2004. Coding Theory: A First Course. Cambrige: Cambridge University Press.

Rudolf L, Harald N. 1997. Finite Fields. Cambridge: Cambridge University Press.

Thomas H. 1974. Algebra. New York: World Pub. Co..

Wan Z X. 1997. Quaternary Codes. Singapore: World Scientific.

Zhu S X, Wang Y, Shi M J. 2010. Some results on cyclic codes over $\mathbb{F}_2 + v\mathbb{F}_2$. IEEE Transactions on Information Theory, 56(4): 1680-1684.